计算机类精品系列教材

Linux 操作系统应用
——以麒麟系统为例

主　编　刘　明　宋　洁　王　刚
副主编　王新强　赵　旭　隋秀丽

U0380700

电子工业出版社·
Publishing House of Electronics Industry
北京·**BEIJING**

内 容 简 介

本书介绍了国产操作系统，满足了计算机科学与技术、软件工程、信息安全等专业对于国产操作系统下的软件应用、系统维护、软件开发等内容的教学需求，对学生掌握国产操作系统的相关理论知识和应用实践具有重要的作用。本书分为 12 章，第 1 章为操作系统的安装与基础操作，第 2 章为操作系统的常用软件，第 3 章为系统安全与保护，第 4 章为终端和命令操作基础，第 5 章为编辑文本，第 6 章为用户、组群及文件权限管理，第 7 章为进程管理与系统监视，第 8 章为网络配置及远程登录，第 9 章为软件包管理，第 10 章为磁盘管理与文件搜索，第 11 章为编译程序，第 12 章为 shell 脚本编程。

本书以麒麟系统中的软件应用、系统管理、软件开发为主线，以任务为驱动，使学生在实践中掌握麒麟系统的使用方法，对国产操作系统的生态建设，建立稳定的用户群体，实现市场的良性循环以及教学和推广具有重大意义。

本书可作为本科院校相关专业课程的教材，也可供相关技术人员参考。

图书在版编目（CIP）数据

Linux 操作系统应用：以麒麟系统为例 / 刘明，宋洁，王刚主编.—北京：电子工业出版社，2023.3

ISBN 978-7-121-45076-1

Ⅰ. ①L… Ⅱ. ①刘… ②宋… ③王… Ⅲ. ①Linux 操作系统—教材 Ⅳ. ①TP316.85

中国国家版本馆 CIP 数据核字（2023）第 028696 号

责任编辑：刘　瑀　　　　特约编辑：田学清
印　　刷：三河市君旺印务有限公司
装　　订：三河市君旺印务有限公司
出版发行：电子工业出版社
　　　　　北京市海淀区万寿路 173 信箱　　　邮编：100036
开　　本：787×1092　　1/16　　印张：14　　字数：376.3 千字
版　　次：2023 年 3 月第 1 版
印　　次：2024 年 8 月第 6 次印刷
定　　价：59.00 元

凡所购买电子工业出版社图书有缺损问题，请向购买书店调换。若书店售缺，请与本社发行部联系，联系及邮购电话：（010）88254888，88258888。

质量投诉请发邮件至 zlts@phei.com.cn，盗版侵权举报请发邮件至 dbqq@phei.com.cn。

本书咨询联系方式：liuy01@phei.com.cn。

PREFACE 前言

银河麒麟操作系统 V10 是一款基于 Linux 内核的具有自主知识产权的新一代图形化桌面操作系统，现已适配国产主流软硬件平台。随着国内麒麟系统的普及和对网络安全的需求，越来越多的企事业单位选择国产的麒麟系统，用户对麒麟系统中的软件应用、系统维护、软件开发等方面的需求不断增加。本书对麒麟系统进行了全面的介绍，以满足读者需要。"Linux 操作系统"是一门面向计算机相关专业的基础课程，是计算机科学与技术、软件工程、信息安全等专业的重要课程。开设"Linux 操作系统"课程的学校可以选用本书作为教材。本书以具有自主知识产权的麒麟系统为例介绍 Linux 操作系统，从实际应用出发，重视上机实践操作，内容由浅入深，介绍麒麟系统中的软件应用、系统维护、软件开发等相关内容。本书基于任务驱动，配合实践操作练习，帮助读者快速掌握麒麟系统的基本操作。

本书分为 12 章。第 1 章主要介绍操作系统的安装与基础操作，包括认识 Linux 和银河麒麟操作系统、银河麒麟操作系统的介绍与安装、银河麒麟操作系统的基础操作，让初学者可以快速地上手进行操作；第 2 章主要介绍操作系统的常用软件，包括安装与卸载软件、使用文本编辑软件、使用网络工具软件、使用多媒体工具软件、使用办公应用软件、使用备份还原工具，满足读者日常办公和学习的需要；第 3 章主要介绍系统安全与保护，包括认识并运行安全中心、账户安全设置、对系统进行安全体检、病毒防护、网络保护、应用控制与保护、使用麒麟文件保护箱，满足读者对系统安全的需求；第 4 章主要介绍终端和命令操作基础，包括认识 X-Window System 和终端、认识命令格式、浏览 Linux 操作系统、查看文本文件的内容、操作文件与目录、掌握 I/O 重定向及掌握管道技术；第 5 章主要介绍编辑文本，包括认识 vim、掌握 vim 的工作模式、vim 的常用操作、vim 环境设置及其他文本处理的常用命令；第 6 章主要介绍用户、组群及文件权限管理，包括认识用户和组群、添加新用户、管理用户、管理组群，以及了解 Linux 的文件系统、认识文件类型及访问权限、文件权限管理；第 7 章主要介绍进程管理与系统监视，包括了解 Linux 的进程、了解进程的状态、控制进程、使用进程调度、系统监视；第 8 章主要介绍网络配置及远程登录，包括了解 nmcli 命令、使用 nmcli 命令配置网络、测试网络、包过滤系统、远程登录及文件传输；第 9 章主要介绍软件包管理，包括了解软件包系统、使用 apt 命令进行包管理、yum 包管理命令的使用方法、使用源码包安装 Nginx；第 10 章主要介绍磁盘管理与文件搜索，包括磁盘管理，挂载、卸载外部存储设备，使用 locate 命令搜索文件，使用 find 命令搜索文件，使用 which 命令搜索命令所在的目录及别名信息，使用

whereis 命令搜索命令所在的目录及帮助文档路径，使用 grep 命令在文件中搜寻字符串；第 11 章主要介绍编译程序，包括了解编译过程、编译单个 C 语言程序文件、分步编译单个 C 语言程序文件、编译多个程序文件、创建静态库、创建共享库、使用 make 管理软件项目；第 12 章主要介绍 shell 脚本编程，包括编写并执行一个简单的 shell 脚本、使用变量和常量编写脚本程序、向脚本输入数据、使用分支语句、使用循环语句、使用数组、使用函数。

　　本书适合作为高等院校计算机和软件相关专业的教材，也适用于公务员、事业单位人员、军队及企业职员等的学习和培训。操作系统作为软件应用的基础和平台，直接关系到信息安全。国产操作系统的生态建设是关键，开源是重要途径，需要建立稳定的用户群体，实现市场的良性循环，其教学和推广的意义重大。本书相对于介绍 Linux 操作系统的其他发行版本，如 Red Hat、Ubuntu 等国外版本的教材具有较高的社会价值，在人才培养、生态建设方面有重要意义。一方面为企事业单位培养会使用麒麟系统的操作人员，为国产操作系统的生态建设解决"需求"问题；另一方面为软件开发企业培养针对麒麟系统的系统运维及软件开发人才，为国产操作系统的生态建设解决"供给"问题。

　　本书的编写工作主要由刘明、宋洁、王刚、王新强、赵旭和隋秀丽完成。其中，刘明负责全书整体结构的规划，并编写第 4、5、6 章；宋洁主要编写第 1、7、8 章；王刚主要编写第 2、3 章；王新强主要编写第 9、10 章；赵旭和隋秀丽主要编写第 11、12 章。

　　本书在编写过程中得到了很多人的支持与帮助。感谢天津中德应用技术大学示范性软件学院项目组的支持，该项目组多次带领主要成员外出学习、访问。感谢麒麟软件有限公司（天津），该公司长期致力于研发与推广具有自主知识产权的国产操作系统。天津中德应用技术大学与麒麟软件有限公司（天津）建立长期深度合作，整合企业与高校优质资源，共同开发本书，力求在人才培养、社会培训、技术推广、技术服务等方面更好地推广麒麟系统，培养相关人才。在此，对支持、帮助以及关注本书的同人表示感谢。

　　由于作者的水平有限，本书难免存在不足之处，请广大读者批评指正。

作　者

CONTENTS 目录

## 第1章

操作系统的安装与基础操作

考虑这样的一个场景：某公司最近有一个新的项目，需要为用户提供稳定、可靠、安全的网络服务，而公司刚刚购买了一批全新的还没有安装操作系统的服务器，项目经理要选择一款安全的网络操作系统，正确安装并配置它，为项目的顺利进行提供平台支持。目前，网络操作系统有很多，常见的有 UNIX、Windows Server、Linux、Solaris 等，由于公司刚刚成立，没有太多的资金用于购买商业操作系统软件，因此项目经理选择了免费且应用软件丰富的 Linux。Linux 有很多版本，结合国家产业政策，同时为了推进国产软件发展，公司决定使用国内具有独立知识产权、自主可控、高安全等级的操作系统——银河麒麟操作系统。

任务 1　认识 Linux 和银河麒麟操作系统

1. 认识自由软件

计算机软件可以分为 3 类：商业软件、共享软件、自由软件。其中，商业软件由开发者出售、复制并提供软件技术服务，用户一般在购买后才可以合法使用，但用户只有使用权，不得进行非法复制、扩散和修改。共享软件由开发者提供软件试用程序复制授权，用户在使用该试用程序一段时间之后，必须向开发者缴纳使用费，由开发者提供相应的升级和技术服务。自由软件的使用者有使用、复制、散布、研究、改写、再发布该软件的自由。

自由软件基金会（Free Software Foundation，FSF）是倡导自由软件和开源软件的国际性非营利组织，对国际开源社区的形成和发展起到了重要的推动作用。GNU 计划是 FSF 支持的非常著名的开源软件项目，GNU 是"GNU's Not UNIX"的递归首字缩写。GNU 计划的目标是创建一套完全自由的操作系统 GNU。GNU 计划开始于 1983 年，旨在发展一个类似于 UNIX，且为自由软件的完整操作系统，GNU 计划由很多独立的自由、开源软件项目组成。

在 GNU 工程中，通常使用 Copyleft 授权。Copyleft 是使一个程序成为自由软件的通用方法，也使这个程序的修改和扩展版本成为自由软件。Copyleft 是一个广义的概念，有许多形式可以将其细化。在 GNU 工程中，具体的发布条款包含在 GNU 通用公共许可证、GNU 宽通用公共许可证和 GNU 自由文档许可证里。最知名的自由软件协议是 GNU 通用公共许可证（General Public License，GPL），它是由 FSF 制定的。

操作系统（Operating System，OS）传统上是对计算机硬件直接控制及管理的系统软件。操作系统的功能一般包括处理器管理、存储管理、文件管理、设备管理和作业管理等。当多个程序同时运行时，操作系统负责规划以优化每个程序的处理时间。对计算机系统而言，操作系统是对所有系统资源进行管理的程序的集合；对用户而言，操作系统提供了对系统资源进行有效利用的简单、抽象的方法。

2．Linux 简介

Linux 是一个功能强大的操作系统，它是一个自由软件，是免费的、源代码开放的，其编制目的是创建不受任何商品化软件版权制约的、全世界都能自由使用的 UNIX 兼容产品。各种以 Linux 为内核的 GNU 操作系统正被广泛地使用，虽然这些系统通常被称为 Linux，但是它们应该更精确地被称为 GNU/Linux。

Linux 内核最初是由芬兰人林纳斯·托瓦兹（Linus Torvalds）在赫尔辛基大学上学时出于个人爱好而编写的。Linux 诞生于 1991 年 10 月 5 日（这是第一次正式向外公布的时间）。Linux 是一套免费使用和自由传播的类 UNIX 操作系统，是一个基于 POSIX 和 UNIX 的多用户、多任务、支持多线程和多 CPU 的操作系统。Linux 能运行主要的 UNIX 工具软件、应用程序和网络协议，支持 32 位和 64 位硬件。Linux 继承了 UNIX 以网络为核心的设计思想，是一个性能稳定的多用户网络操作系统。

Linux 属于自由软件，用户不需要支付任何费用就可以获得它和它的源代码，并且可以根据自己的需要对它进行修改，无约束地继续传播。Linux 具有 UNIX 的全部功能，任何使用 UNIX 或想要学习 UNIX 的人都可以从 Linux 中获益。Linux 不仅为用户提供了强大的操作系统功能，还提供了丰富的应用软件。

Linux 主要由内核、shell、文件系统和应用程序组成，其中 Linux 内核是系统的心脏，实现了操作系统的基本功能。shell 是系统的用户界面，提供了用户与内核进行交互操作的接口。文件系统是文件存放在磁盘等存储设备上的组织方法，通常按照目录层次的方式进行组织，Linux 以"/"为根目录。应用程序通常包括文本编辑器、编程工具、X-Window System、办公套件、Internet 工具、数据库等。

3．Linux 版本

Linux 有许多不同的发行版本，但它们都使用了 Linux 内核。Linux 内核版本号由 3 个数字组成：r.x.y，r 表示目前发布的 Kernel 版本，x 为偶数表示稳定版本，x 为奇数表示开发中的版本，y 表示错误修补的次数。Linux 发行版本是以 Linux 内核为核心，搭配各种应用程序和工具的软件集合。也就是说，以 Linux 内核为基础加上各种自由软件形成了完整的 Linux 发行版本。发行版本的名称、版本由发行厂商决定，发行版本中包括了厂商/社区提供的辅助安装、软件包管理等程序，发行版本可以自由选择使用哪个版本的 Linux 内核，相对于内核版本，发行版本的版本号随发布者的不同而不同，和系统内核的版本号是相对独立的。目前，市面上较知名的 Linux 发行版本有中标麒麟、银河麒麟、优麒麟、Red Hat、CentOS、Debian、Ubuntu、Fedora、SUSE 等。

4．Linux 应用领域

很多新手都有一个很疑惑的问题："我学习 Linux，能在上面做什么呢？"或者说"Linux 能具体做什么呢？"但是随着对 Linux 了解的加深，这些疑问就会慢慢消除，下面具体讲述 Linux 的应用领域。

（1）服务器领域

在现在的服务器市场中，Linux、UNIX、Windows 三分天下，Linux 可谓后起之秀，从产生、发展到现在，在服务器领域的应用节节攀升，并且每年的增长势头迅猛，服务器通常使用 LAMP（Linux + Apache + MySQL + PHP）或 LNMP（Linux + Nginx+ MySQL + PHP）组合。

（2）嵌入式操作系统领域

嵌入式操作系统是目前非常具有商业前景的 Linux 应用。对嵌入式操作系统而言，Linux 有许多不可忽略的优点：可移植性、内核免费、功能强大且内核极小、支持多种开发语言。

（3）计算机集群领域

计算机集群简称集群，是一种计算机系统，它将一组松散集成的计算机软件或硬件连接起来，使它们高度紧密地协作完成计算工作。在某种意义上，它们可以被视为一台计算机。集群系统中的单个计算机通常被称为节点，节点之间通常通过局域网连接，但也有其他的连接方式。目前，Linux 已成为构建计算机集群的主要操作系统之一。

（4）桌面操作系统领域

桌面曾经是 Linux 的弱项，Linux 继承了 UNIX 的传统，在字符界面下使用 shell 命令就可以完全控制计算机。随着 Linux 技术的进步，特别是 X-Window System 的发展，Linux 在界面美观、易用等方面都有了长足的进步，Linux 作为桌面操作系统正在逐步被用户接受。知名的发行版本有 Red Hat、Ubuntu、Linux Mint、Fedora 等，其中国产发行版本有银河麒麟（KylinOS）、优麒麟（Ubuntu Kylin）、中标麒麟（NeoKylin）、深度（Deepin）、起点（StartOS）等。

（5）云计算领域

云基础设施平台作为集中式的服务平台，开放性永远是其关键要素之一，开源软件的灵活性和可扩展性也完全符合云计算的发展趋势。大多数的云基础设施平台使用 Linux 操作系统，如 OpenStack、CloudStack、OpenNebula、Eucalyptus 等。

5. 银河麒麟操作系统

麒麟软件有限公司（简称麒麟软件）是由中国电子信息产业集团有限公司旗下两家操作系统公司——中标软件有限公司和天津麒麟信息技术有限公司联合成立的，目的是顺应产业发展趋势、满足市场客户需求和国家网络空间安全战略需要，发挥中央企业在国家关键信息基础设施建设中的主力军作用，打造中国操作系统新旗舰。麒麟软件以安全可信的操作系统技术为核心，旗下拥有银河麒麟、中标麒麟、优麒麟等品牌，既面向通用领域打造安全、创新的操作系统和相应解决方案，又面向专用领域打造高安全、高可靠的操作系统和解决方案，现已打造了服务器操作系统、桌面操作系统、嵌入式操作系统、麒麟云等产品，能够同时支持飞腾、鲲鹏、龙芯、申威、海光、兆芯等国产 CPU。麒麟软件旗下的操作系统产品，连续 9 年位列中国 Linux 市场占有率第一。

任务 2　银河麒麟操作系统的介绍与安装

1. 银河麒麟操作系统版本介绍

银河麒麟操作系统分为服务器版本、桌面操作系统版本、嵌入式操作系统版本、麒麟云系统版本、开源社区版本优麒麟等。其中，银河麒麟高级服务器操作系统 V10 针对企业级的关键业务，适应虚拟化、云计算、大数据、工业互联网时代对主机系统可靠性、安全性、高性能、扩展性和实时性的需求，提供内生安全、云原生支持、国产平台深入优化、高性能、易管理的新一代自主服务器操作系统，同源支持飞腾、龙芯、申威、兆芯、海光、鲲鹏等自主 CPU 及 x86 平台，可以支撑构建大型数据中心服务器高可用集群、负载均衡集群、分布式集群文件系统、虚拟化应用和容器云平台等，可以部署在物理服务器和虚拟化环境、私有云、公有云和混合云环境，应用于政府、国防、金融、教育、财税、公安、审计、交通、医疗、制造等领域。

银河麒麟桌面操作系统 V10 是新一代面向桌面应用的图形化桌面操作系统，面向国产软硬件平台开展了大量优化的简单易用、稳定高效、安全创新的操作系统产品。银河麒麟桌面操作系统 V10 实现了同源支持飞腾、龙芯、申威、兆芯、海光、鲲鹏等自主 CPU 及 x86 平台，提供类似于 Windows 7 风格的用户体验，操作简便，上手快速，并在国产平台的功耗管理、内核锁及页复制、网络、VFS、NVMe 等方面开展优化，系统加载迅速，大幅度提升了系统的稳定性和相关性能。在生态方面，银河麒麟桌面操作系统 V10 精选数百款常用软件，集成麒麟系列自主研发的应用和搜狗输入法、金山 WPS 等合作办公软件，使用户办公高效、便捷，兼容 2000 余款安卓应用，补了 Linux 生态应用短缺的短板。在产品升级方面，银河麒麟桌面操作系统 V10 构建了多个 CPU 平台统一的在线软件仓库，支持版本在线更新，保持产品与时俱进。

银河麒麟容器云是基于 Kubernetes 构建的以应用为中心的面向政务、企业及行业用户的分布式容器云平台。银河麒麟容器云平台通过以容器为核心的解决方案帮助用户解决在开发、测试、运维及其他不同用户场景下的环境问题，帮助用户降低成本，提高效率。银河麒麟容器云平台可以充分利用银河麒麟云平台基础设施资源进行大规模编排和部署容器，提供持续的自动化容器管理支持，帮助用户提高业务的灵活性与可靠性，极大地提升用户运维管理效率，降低运维成本，加快应用上线速度，加快业务创新，提升用户产品核心竞争力。银河麒麟容器云平台完全兼容原生 Kubernetes API，并扩展了一键部署、Dashboard、登录认证、日志审计、资源监控、镜像仓库、负载均衡等 Kubernetes 插件，并支持飞腾、鲲鹏、海光、龙芯、申威等自主 CPU 和 x86 平台。

优麒麟是由中国 CCN（CSIP、Canonical、NUDT 三方联合组建）开源创新联合实验室与麒麟软件有限公司主导开发的全球开源项目，其宗旨是通过研发对用户友好的桌面环境及特定需求的应用软件，为全球 Linux 桌面用户带来非凡的体验。2020 年 4 月 23 日，优麒麟开源操作系统 20.04 LTS 版本（代号 FocalFossa）正式发布。优麒麟 20.04 是继 14.04、16.04、18.04 之后的第四个长期支持（LTS）版本，提供 5 年的技术支持。优麒麟 20.04 LTS 版本搭载最新的 Linux 5.4 内核和全新的 UKUI 3.0 桌面环境预览版，同时支持 x86 和 ARM64 体系结构，进一步优化提升 4K 高清屏显示效果和应用组件稳定性，新增麒麟云账户功能，统一麒麟各平台身份认证，并提供用户常用配置云端同步功能。

2. 银河麒麟操作系统的安装

本任务以银河麒麟桌面操作系统 V10 版本为例，演示 Linux 操作系统的安装过程。需要将银河麒麟操作系统的 iso 镜像文件刻录成光盘或保存在 U 盘中，也可以通过安装 VMware 或 VirtualBox 虚拟机来安装 Linux 操作系统。安装 Linux 操作系统的最低配置与推荐配置如表 1-1 所示。

表 1-1　安装 Linux 操作系统的最低配置与推荐配置

版本形态	最小内存	推荐内存	最小硬盘空间	推荐硬盘空间
桌面系统	2GB	4GB 以上	10GB（安装时不创建备份还原分区） 20GB（安装时创建备份还原分区）	20GB 以上（安装时不创建备份还原分区） 40GB 以上（安装时创建备份还原分区）

安装前的准备如下。

- 准备所需组件：安装光盘、《银河麒麟桌面操作系统安装手册》。
- 检查硬件兼容性：银河麒麟桌面操作系统具有良好的硬件兼容性，与近年来生产的大多数硬件兼容。由于硬件的技术规范频繁改变，因此难以保证系统会完全兼容硬件。
- 备份数据：在安装系统之前，请将硬盘上的重要数据备份到其他存储设备中。
- 硬盘分区：一块硬盘可以被划分为多个分区，分区之间是相互独立的，访问不同的分区如同访问不同的硬盘。一块硬盘最多可以有四个主分区，如果想在一块硬盘上拥有多于四个的分区，就需要把分区类型设为逻辑分区。

3. 安装步骤

（1）系统启动

如果当前计算机中没有安装操作系统，则安装程序启动后会直接进入安装界面，否则需要修改 BIOS 中的启动项顺序对应使用的安装介质，比如使用光盘安装，就将 BIOS 设置为从光驱启动。安装程序启动后会进入安装界面，如图 1-1 所示，选择"安装银河麒麟操作系统"选项，按回车键，进入"选择语言"界面。

（2）选择语言

"选择语言"界面如图 1-2 所示。银河麒麟操作系统提供中文（简体）和英文两种语言，这里默认的语言是中文（简体），可以单击"English"

图 1-1 安装界面

按钮选择英文，选择好语言后单击下方的"下一步"按钮，进入"阅读许可协议"界面。

图 1-2 "选择语言"界面

（3）阅读许可协议

"阅读许可协议"界面如图 1-3 所示。此界面显示的内容是银河麒麟最终用户使用许可协议，阅读后勾选"我已经阅读并同意协议条款"复选框，单击"下一步"按钮，进入"选择时区"界面。

图1-3　"阅读许可协议"界面

（4）选择时区

"选择时区"界面如图 1-4 所示。系统的默认时区为"（UTC+08:00）上海"，如果需要修改时区，可以单击下拉按钮，在弹出的下拉列表中选择相应的时区，也可根据需要选择国内其他城市。单击"下一步"按钮，进入"创建用户"界面。

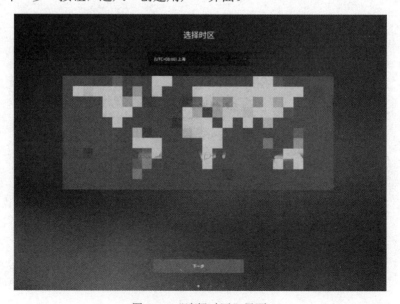

图1-4　"选择时区"界面

（5）创建用户

"创建用户"界面如图 1-5 所示。首先，在第一个输入栏中输入创建的用户名称，系统会自动在第二个输入栏中创建计算机名称。然后在第三个输入栏中输入密码，注意，这里的用户密码需要通过安全性测试才可以继续。最后，在第四个输入栏中重复输入用户密码以完成验证及确认。此时四个输入栏右侧都会出现绿色对钩，表示设置成功。下方有"开机自动登录"复选框，可以根据个人需要决定是否勾选，这里出于安全性的考虑不建议勾选，即每次开机后需要输入密码才可以登录系统。设置完成后单击"下一步"按钮，进入"选择安装方式"界面。

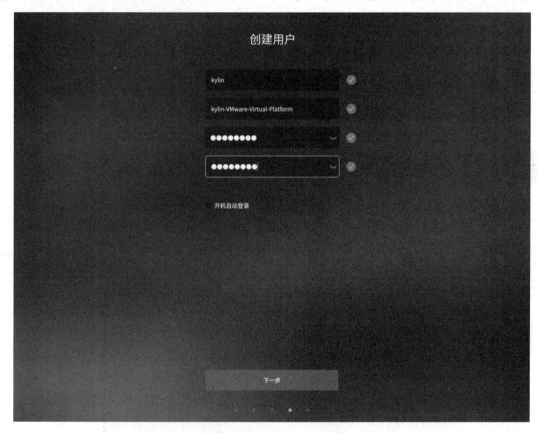

图 1-5　"创建用户"界面

（6）选择安装方式

"选择安装方式"界面如图 1-6 所示，有两种安装方式供用户选择。如果选择"全盘安装"选项，则系统会清除整个磁盘并安装银河麒麟操作系统，在选择"全盘安装"选项并单击"下一步"按钮后会进入"确认全盘安装"界面。如果想要自己手动创建分区，则可以选择"自定义安装"选项，自行设计各硬盘分区的大小。

如果在"选择安装方式"界面选择"自定义安装"选项，则切换至"自定义安装"选项卡，如图 1-7 所示。单击"创建分区表"按钮，弹出提示窗口，单击"+"按钮，即可创建分区。

需要注意的是，boot 分区必须是主分区中的第一个分区。在创建 boot 分区时，"新分区的类型"选中"主分区"单选按钮，"新分区的位置"选中"剩余空间头部"单选按钮，"用于"选择"ext4"选项，在"挂载点"文本框中输入"/boot"，"大小（MiB）"参考系统推荐即可，如图 1-8 所示。

图 1-6 "选择安装方式"界面

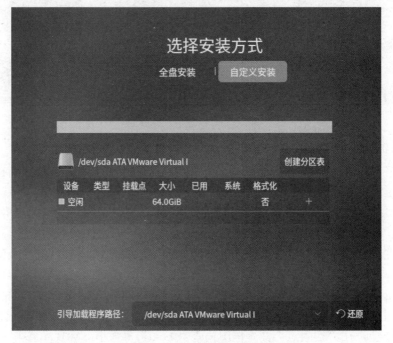

图 1-7 "自定义安装"选项卡

图 1-8　创建 boot 分区

在创建根分区时，"新分区的类型"选中"逻辑分区"单选按钮，"新分区的位置"选中"剩余空间头部"单选按钮，"用于"选择"ext4"选项，在"挂载点"文本框中输入"/"，"大小（MiB）"参考系统推荐即可，如图 1-9 所示。

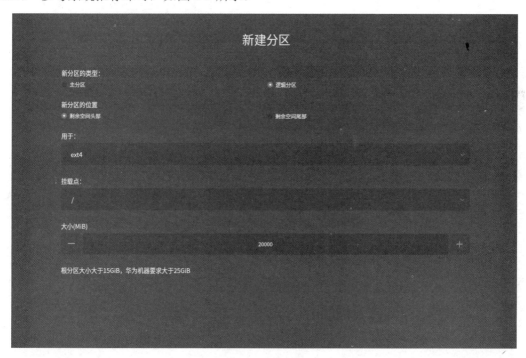

图 1-9　创建根分区

在创建交换分区时，"新分区的类型"选中"逻辑分区"单选按钮，"新分区的位置"保持默认，"用于"选择"linux-swap"选项，"大小（MiB）"一般设置为内存的 2 倍，如图 1-10所示。

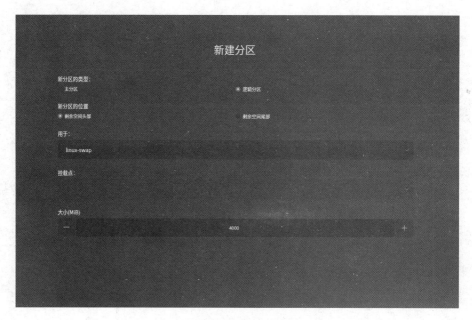

图 1-10　创建交换分区

　　用户可以创建"/backup"分区作为系统的备份还原分区，只有创建了备份还原分区，才可以使用备份还原功能。备份还原功能对用户恢复数据或系统非常有帮助，因此建议创建"/backup"分区。在创建"/backup"分区时，"新分区的类型"选中"逻辑分区"单选按钮，"新分区的位置"保持默认，"用于"选择"ext4"选项，在"挂载点"文本框中输入"/backup"，建议使"/backup"分区的大小和根分区的大小保持一致，如图 1-11 所示。

图 1-11　创建"/backup"分区

　　创建"/data"分区，/data 类似于 Windows 操作系统除 C 盘外的其他盘符，建议创建"/data"分区。在创建"/data"分区时，"新分区的类型"选中"逻辑分区"单选按钮，"新分区的位置"选中"剩余空间头部"单选按钮，"用于"选择"ext4"选项，在"挂载点"文本框中输入"/data"，

"/data"分区的大小为整个磁盘除其他分区外的所有空间的大小，如图 1-12 所示。

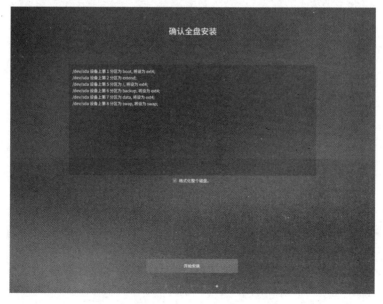

图 1-12　创建 "/data" 分区

　　如果中途需要改变已创建的分区，具体方式为：选中空闲分区所在行，单击 "+" 按钮，可以添加分区；选中已创建的分区，单击 "更改" 按钮，可以编辑分区；选中已创建的分区，单击 "-" 按钮，可以删除分区。创建分区完成后，单击 "下一步" 按钮进入 "确认自定义安装"界面。

　　（7）确认安装方式

　　无论是选择 "全盘安装" 选项，还是选择 "自定义安装" 选项，最终都会进入安装确认界面，"确认全盘安装" 界面如图 1-13 所示。该界面上显示创建的分区的名称及各分区使用的文件系统名称，勾选下方 "格式化整个磁盘。" 复选框之后，"开始安装" 按钮变得可用。单击 "开始安装" 按钮，系统开始安装，如图 1-14 所示。系统安装完成后，会进入 "安装完成" 界面，如图 1-15 所示，此时需要单击 "现在重启" 按钮重启系统，至此，银河麒麟操作系统就安装完成了。

图 1-13　"确认全盘安装" 界面

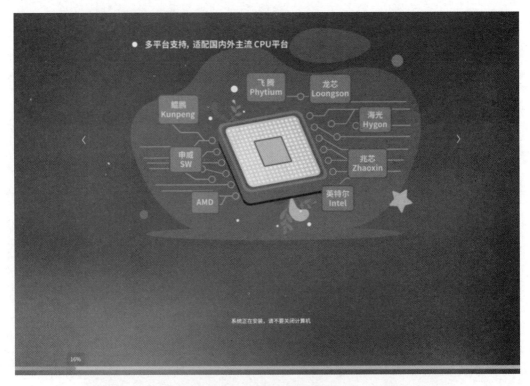

图 1-14　系统开始安装

图 1-15　"安装完成"界面

任务 3　银河麒麟操作系统的基础操作

1. 登录、注销、锁屏、关机与重启

（1）登录

在使用银河麒麟操作系统之前，用户必须登录，之后才可以使用系统中的各种资源。登录

的目的是使系统识别当前用户的身份，当用户访问资源时，系统可以判断该用户是否具有相应的访问权限。登录是使用系统的第一步，用户应该首先拥有一个系统的账户，作为登录凭证。

开机后会进入银河麒麟操作系统登录界面，如图 1-16 所示，根据设置，系统会默认选择自动登录或停留在登录界面等待登录。在启动系统后，系统会提示输入系统中已创建的用户名和密码，用户名和密码通常在系统安装时进行设置。选择登录用户后，输入在安装过程中创建用户时设置的密码并按回车键即可登录银河麒麟操作系统，登录后就可以看到银河麒麟操作系统的桌面环境，如图 1-17 所示。

图 1-16 登录界面

图 1-17 银河麒麟操作系统的桌面环境

（2）注销

注销就是退出某个用户的登录，是登录操作的反向操作。注销会结束当前用户的所有进程，但是不会关闭系统，也不会影响系统中其他用户的工作。注销当前登录的用户，目的是以其他用户身份登录系统。单击桌面左下角的"UK"按钮，在弹出的"开始"菜单中单击"电源"按钮，如图 1-18 所示。进入电源界面，如图 1-19 所示，单击"注销"按钮进行注销并进入登录界面。

图 1-18　单击"电源"按钮

图 1-19　电源界面

（3）锁屏

当用户暂时不需要使用计算机时，可以选择锁屏。锁屏后不会影响系统的运行状态，可以防止误操作，当用户返回后，输入密码即可重新进入系统。在默认设置下，系统在一段空闲时间后，会自动锁定屏幕。单击桌面左下角的"UK"按钮，在弹出的"开始"菜单中单击"电源"按钮，进入电源界面，单击"锁屏"按钮即可完成操作。

（4）关机与重启

当用户想要关机或重启计算机时，可以单击桌面左下角的"UK"按钮，在弹出的"开始"菜单中单击"电源"按钮，进入电源界面，单击"关机"或"重启"按钮即可完成相应的操作。

2．桌面的基本操作

桌面是登录后的主要操作区域。在桌面上可以通过鼠标和键盘进行基本的操作，比如新建文件或文件夹、排列文件、打开终端、设置壁纸等，还可以在桌面添加应用的快捷方式。银河麒麟操作系统采用类似于 Windows 操作系统的用户界面，界面非常简洁，首次登录时，只看到一个空旷的桌面和任务栏（见图 1-17），底部任务栏包括系统菜单、快捷启动面板、任务栏及状态栏。在状态栏中，用户可以对窗口和应用程序、日历和日程，以及声音、网络连接和电源这样的系统属性进行操作。桌面上可以放置应用程序的快捷文件及文件、目录等，还可以在桌面上右击，弹出快捷菜单，如图 1-20 所示。

图 1-20　快捷菜单

（1）新建文件或文件夹

在桌面上，可以新建文件或文件夹，也可以对文件进行常规的复制、粘贴、重命名、删除等操作。在桌面上右击，在弹出的快捷菜单中选择 "新建"→"文件夹"命令即可创建一个文件夹，如图 1-21 所示，输入新建文件夹的名称即可完成文件夹的创建。

图 1-21 选择"新建"→"文件夹"命令

如果要新建一个文本文件，可以在桌面上右击，在弹出的快捷菜单中选择"新建"→"空文本"命令，并输入新建的文本文件的名称。

在桌面文件或文件夹上右击，可以使用文件管理器的相关功能，具体功能描述如表 1-2 所示。

表 1-2 文件管理器的功能

名　称	描　述
打开方式	选定系统默认打开方式，也可以选择其他关联应用程序来打开相关文件
剪切	移动文件或文件夹
复制	复制文件或文件夹
重命名	重命名文件或文件夹
删除	删除文件或文件夹
属性	查看文件或文件夹的基本信息、共享方式及其权限

（2）设置图标排列

鼠标指针悬停在应用图标上，按住鼠标左键不放，将应用图标拖动到指定的位置后松开鼠标左键释放图标，可以对桌面上的图标按照需要进行排序。在桌面上右击，在弹出的快捷菜单中选择"排序方式"命令，系统提供以下 4 种排序方式。

- 选择"文件名称"命令，桌面上的应用图标将按文件的名称顺序显示。
- 选择"文件大小"命令，桌面上的应用图标将按文件的大小顺序显示。
- 选择"文件类型"命令，桌面上的应用图标将按文件的类型顺序显示。
- 选择"修改时间"命令，桌面上的应用图标将按文件最近一次的修改日期顺序显示。

（3）设置图标大小

桌面图标的大小可以进行调节。在桌面上右击，在弹出的快捷菜单中选择"视图类型"命令，选择合适的图标大小。系统提供 4 种图标大小，分别为小图标、中图标（默认）、大图标和超大图标。

（4）更改桌面背景

用户可以选择精美、时尚的壁纸来美化桌面，让计算机的显示与众不同。在桌面上右击，在弹出的快捷菜单中选择"设置背景"命令，打开"个性化-背景"选项卡，在选项卡中可以预览系统自带的壁纸，选择某一张壁纸后即可生效，如图 1-22 所示。

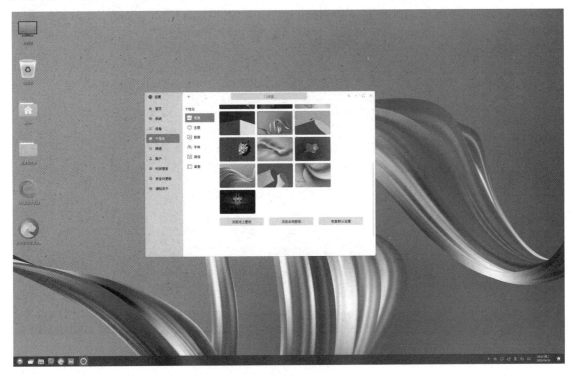

图 1-22　设置桌面背景

（5）设置屏保

屏幕保护程序可以在本人离开计算机时防范他人访问并操作计算机。在桌面上右击，在弹出的快捷菜单中选择"设置背景"命令，选择"个性化"→"屏保"选项，在"个性化-屏保"选项卡中，设置是否开启屏保、屏保样式和等待时间，在计算机无操作到达设置的等待时间后，计算机将启动选择的屏幕保护程序。

（6）设置分辨率

当用户需要配置屏幕分辨率时，可以通过设置中的显示器选项进行设置。设置显示器的分辨率、屏幕方向以及缩放倍数，可以使计算机的显示效果达到最佳，在桌面上右击，在弹出的快捷菜单中选择"设置背景"命令，打开"设置"窗口，选择"系统"→"显示器"选项，在"系统-显示器"选项卡中可以对显示器的分辨率、方向、缩放屏幕等进行设置，如图 1-23 所示。

3. 任务栏基本操作

任务栏用于查看系统启动应用、系统托盘图标，位于桌面底部。任务栏默认放置"开始"菜单、任务视图、文件管理器、Firefox 火狐浏览器、系统托盘图标等。在任务栏可以打开"开始"菜单、显示桌面、进入工作区，对应用程序进行打开、新建、关闭、强制退出等操作，还可以设置输入法、调节音量、连接 Wi-Fi、查看日历、进入关机界面等。

图 1-23　"系统–显示器"选项卡

（1）"开始"菜单

"开始"菜单，即单击左下角的"UK"按钮弹出的菜单，是使用系统的"起点"，在其中可以查看并管理系统中安装的所有应用软件。在"开始"菜单中，可以使用鼠标滚轮或切换分类导航查找应用；可以选择使用"字母排序"或"功能分类"功能对应用程序进行分类导航，如果已知应用的名称，也可以直接在搜索框中输入应用的名称或关键字快速定位。此外，还可以单击"开始"菜单右侧的扩展按钮将菜单扩展为全屏显示，方便查找相应的程序。

（2）切换任务视图

单击"UK"按钮右侧的"显示任务视图"按钮，如图 1-24 所示，可以打开任务视图选择界面，在界面中可以切换不同的任务视图，如图 1-25 所示。在银河麒麟操作系统中，可以使用任务视图将应用程序组织在一起，将应用程序放在不同的任务视图中是组织和归类窗口的一种有效的方法。

（3）运行应用

与 Windows 操作系统的操作类似，在银河麒麟操作系统中，对于已经创建了桌面快捷方式的应用，可以双击桌面上应用程序的快捷方式启动应用程序。除此之外，还可以在系统的"开始"菜单里选择要启动的应用程序并单击，或右击应用图标，在弹出的快捷菜单中选择"打开"命令，启动应用程序。对于固定到任务栏上的应用，可以直接单击任务栏上的应用图标，或右击任务栏上的应用图标，在弹出的快捷菜单中选择"打开"命令启动应用程序。

图 1-24　"显示任务视图"按钮

图 1-25　任务视图选择界面

　　运行图形用户界面应用程序时都会打开相应的窗口，应用程序窗口的标题栏右上角通常有窗口的关闭、最小化和最大化按钮。一般窗口都有菜单，默认菜单位于窗口顶部的左侧。一般的窗口也可以通过拖动边缘来改变窗口大小。多个窗口之间可以使用组合键 Alt+Tab 进行切换。

　　（4）卸载应用

　　对于不再使用的应用，可以选择将其卸载以节省硬盘空间。卸载的方法是在"开始"菜单中找到想要卸载的应用程序，右击该应用图标，在弹出的快捷菜单中选择"卸载"命令，通常会弹出"卸载器"窗口，窗口中会显示要卸载的应用程序的名称、包名、版本等信息，确认无误后，单击"卸载器"窗口中的"卸载"按钮即可。

（5）文件管理器

单击任务栏中的"文件管理器"按钮，可以打开文件管理器，如图 1-26 所示。文件管理器类似于 Windows 的资源管理器，如图 1-27 所示，用于访问本地文件和文件夹及网络资源。在文件管理器中，文件或文件夹默认以图标方式显示，也可以切换为列表方式，还可以指定排序方式。

图 1-26 "文件管理器"按钮

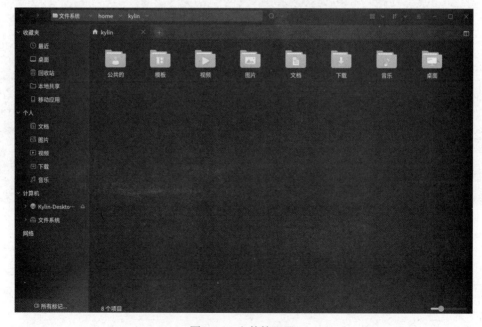

图 1-27 文件管理器

4．系统设置

用户通过"设置"功能来管理系统，包括系统、设备、个性化、网络、账户、时间语言、安全与更新、通知关于等。当进入桌面环境后，单击"开始"菜单中的"设置"按钮即可打开"设置"窗口，如图 1-28 所示。

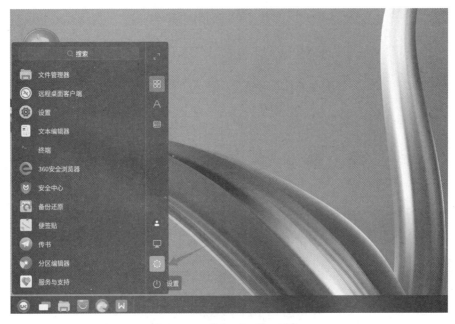

图 1-28　单击"设置"按钮

"设置"窗口如图 1-29 所示，支持全屏模式与窗口模式，用户可以通过窗口上方的搜索框直接搜索想要修改的设置项。在"设置"窗口中，用户可以设置打印机、投屏、鼠标、键盘等常用硬件设备的功能，也可以设置壁纸、屏保、字体、账户、时间与日期等。

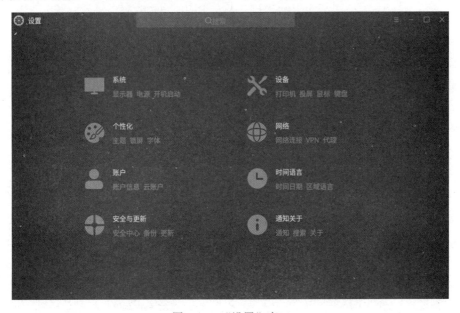

图 1-29　"设置"窗口

（1）系统

在"系统"设置模块中，用户可以对显示器、默认应用、电源、开机启动进行基础配置。

在"显示器"选项卡中，用户可以对显示进行相关的配置。"显示器"选项卡的具体内容如表1-3所示。

表1-3 "显示器"选项卡的具体内容

名　　称	描　　述
显示器	可以选择已连接的显示器，设置主屏
分辨率	可以根据显示器情况调整分辨率
方向	可以对显示器进行90°的环绕旋转
刷新率	可以对显示器的刷新率进行调整
缩放屏幕	可以对显示内容进行成比例的缩放
打开显示器	控制已连接的显示器的开启和关闭
夜间模式	可以进行夜间模式的自定义配置

在"默认应用"选项卡中，用户可以对系统默认使用的应用程序进行相关的配置。如果需要修改，可以在修改项后面的下拉列表中选择要设置为默认的应用程序。"默认应用"选项卡的具体内容如表1-4所示。

表1-4 "默认应用"选项卡的具体内容

名　　称	描　　述
浏览器	选择默认使用的浏览器软件
电子邮件	选择默认使用的电子邮件软件
图像查看器	选择默认使用的图像查看软件
音频播放器	选择默认使用的音频播放软件
视频播放器	选择默认使用的视频播放软件
文档编辑器	选择默认使用的文档编辑软件

在"电源"选项卡中，用户可以对电源计划进行相关的配置。

- 平衡（推荐）：利用可用的硬件自动平衡消耗与性能。
- 节能：尽可能降低计算机能耗。
- 自定义：用户制定个性化电源计划，可以对"系统进入空闲状态并于此时间后挂起"和"系统进入空闲状态并于此时间后关闭显示器"进行相关配置。

在"开机启动"选项卡中，用户可以对开机时启动的程序进行配置，如天气、打印机、打印机队列小程序、搜索等，也可以自行添加自启动程序。

（2）设备

在"设备"设置模块中，用户可以对硬件进行维护和管理，包括打印机、鼠标、触摸板、键盘、快捷键、声音。

在"打印机"选项卡中，用户可以添加和管理打印机设备，银河麒麟操作系统使用了非常先进、强大和易于配置的CUPS打印系统，除了支持的打印机类型更多，配置选项更丰富，还能设置并允许任何联网的计算机通过局域网访问单个CUPS服务器。

投屏功能可以开启或关闭，设置投屏设备名称等。无线投屏的目标定义为"解放束缚、拥抱移动"，用技术手段为用户提高会议、教室、协同办公等场景的工作效率。投屏功能支持来源于KylinOS、Windows、国产安卓收集的无线投射；支持接入确认、PIN码认证；支持源端画面与声音重定向输出；支持鼠标指针自动隐藏；支持任意窗口大小及全屏。

为满足用户对鼠标使用习惯的个性化需求，用户可以在"鼠标"选项卡中对鼠标键、指针、光标进行个性化设置。"鼠标"选项卡的具体内容如表 1-5 所示。

表 1-5　"鼠标"选项卡的具体内容

名　称	描　述
鼠标键设置	惯用手设置
	鼠标滚轮速度
	双击间隔时长
指针设置	速度设置
	鼠标加速
	按 Ctrl 键显示指针位置
	指针大小设置
光标设置	启用文本区域的光标闪烁
	光标速度设置

在"触摸板"选项卡中，用户可以设置开启或关闭"插入鼠标时禁用触摸板""打字时禁用触摸板""启动触摸板的鼠标单击"，同时可以设置触摸板的滚动方式。

在"键盘"选项卡中，用户可以对键盘响应速度、键盘布局、添加输入法等进行相关的配置。"键盘"选项卡的具体内容如表 1-6 所示。

表 1-6　"键盘"选项卡的具体内容

名　称	描　述
通用设置	可以设置启用按键重复
	可以设置延迟
	可以设置速度
	可以设置启用按键提示
输入法设置	输入法语言、国家设置
	全局配置

在"快捷键"选项卡中，用户可以查看系统快捷键，也可以添加自定义快捷键等。快捷键设置根据系统版本有所不同。

在"声音"选项卡中，用户可以对输出声音和输入声音进行相关的配置。"声音"选项卡的具体内容如表 1-7 所示。

表 1-7　"声音"选项卡的具体内容

名　称	描　述
输出	选择输出设备
	调节主音量大小
	设置声卡
	设置连接器
	配置立体声
	设置声道平衡
输入	选择输入设备
	设置音量大小
	设置输入等级
	设置连接器

续表

名　　称	描　　述
系统音效	设置开关机音乐
	设置提示音量开关
	设置系统音效主题
	设置提示音
	设置音量改变

在"蓝牙"选项卡中，用户可以开启或关闭蓝牙、在任务栏显示蓝牙图标、允许蓝牙设备被发现。

（3）个性化

在"个性化"设置模块中，用户可以对背景、主题、锁屏、字体、屏保、桌面进行相关的配置。前面已经对设置系统背景、屏保等问题进行了介绍，这里简单介绍"个性化"设置模块的选项卡，如表 1-8 所示。

表 1-8　"个性化"设置模块的选项卡

名　　称	描　　述
背景	可以选择背景形式，设置本地壁纸
主题	可以设置主题模式、图标主题、光标主题等效果
锁屏	可以进行锁屏设置、锁屏背景设置
字体	可以设置字体大小、字体类型、等宽字体
屏保	可以设置屏保等待时间、屏保程序
桌面	可以设置锁定在"开始"菜单的图标和显示在任务栏上的图标

（4）网络

在"网络"设置模块中，用户可以对网络连接、VPN、代理、桌面共享进行相关的配置。用户可以编辑已有连接，也可以新增连接（需要选择网络类型，通常情况下选择"以太网"选项）。

图 1-30　"IPv4 设置"选项卡

在"以太网"选项卡中，用户可以对网卡设备等进行设置。

在"IPv4 设置"选项卡中，用户可以对 IP 地址、网关等进行设置，如图 1-30 所示。用户可根据实际情况选择"手动""自动（DHCP）"等连接方法。

一个网卡配置多个 IP 地址可以连接多个网段，比如，同时连接外网和局域网，避免重复设置网络。此功能需要这些网段的物理层是连通的。

多 IP 地址的配置方法：在"IPv4 设置"选项卡中，当光标在"地址"文本框中时，会出现提示。

单击选项卡右下方的"路由"按钮，如图 1-31所示，弹出"正在编辑 有线连接 1 的 IPv4 路由"窗口，如图 1-32 所示，在窗口中填入 IP 地址的具体信息，并勾选"仅将此连接用于相对应的网络上的资源"复选框。

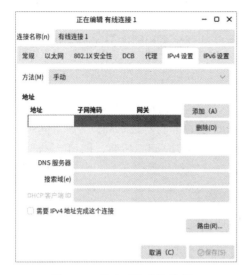

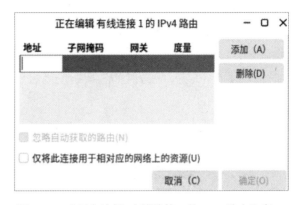

图 1-31　单击"路由"按钮　　　　图 1-32　"正在编辑 有线连接 1 的 IPv4 路由"窗口

（5）账户

在"账户"设置模块中，用户可以对本地账户信息、云账户信息进行相关的配置。

在"账户信息"选项卡中，用户可以对当前用户的密码、账户类型、用户组、头像等进行设置，也可以设置免密登录和开机自动登录，如图 1-33 所示。

图 1-33　"账户信息"选项卡

在"云账户"选项卡中，用户可以将账户中已经设置好的系统配置到云端，如设置"系统""设备""个性化""网络"等。当使用另一台计算机时，用户只要登录相同的云账户，就可以一键同步之前保存的相关配置。

（6）时间语言

在"时间语言"设置模块中，用户可以对时间日期、区域语言进行相关的配置，其中，"时间日期"选项卡如图 1-34 所示。系统默认为自动同步系统设定时区的网络时间，关闭"同步网络时间"功能，"手动更改时间"按钮变为可用，单击"手动更改时间"按钮，即可手动调整时间。

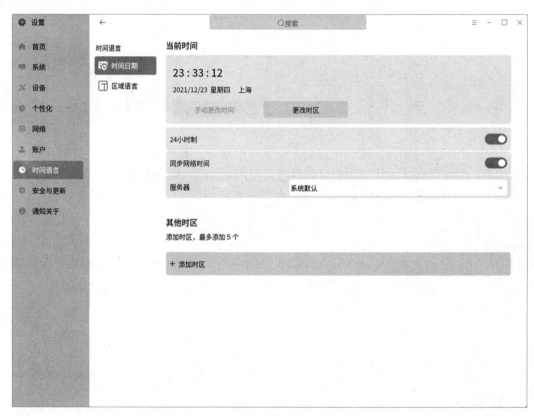

图 1-34　"时间日期"选项卡

根据所在区域，用户还可以对时区进行设置。在上方的搜索栏中搜索、选择地区，并确认已完成设置。修改成功后，时间会自动同步到系统面板的时钟菜单。

（7）安全与更新

在"安全与更新"设置模块中，用户可以对安全中心、更新、备份进行相关的配置。在"安全中心"选项卡中，用户可以对账户安全、安全体检、病毒防护、网络保护、应用控制与保护、系统安全配置等进行配置。单击"更新"选项卡中的"检测更新"按钮，会自动打开更新管理器来获取更新内容。单击"备份"选项卡中的"开始备份"按钮，会打开备份还原工具进行系统备份。

（8）通知关于

在"通知关于"设置模块中，用户可以设置是否获取来自应用和其他发送者的通知，如果开启通知，则可以在"通知中心"窗格中查看通知信息。单击托盘区的"通知中心"按钮，即可打开"通知中心"窗格，查看、管理收到的通知信息，如图 1-35 所示。在"关于"选项卡中，用户可以查看系统的版本信息，以及计算机的内核、CPU、内存、硬盘等相关信息，且开设了激活入口，单击"激活"按钮，即可进入系统激活界面。

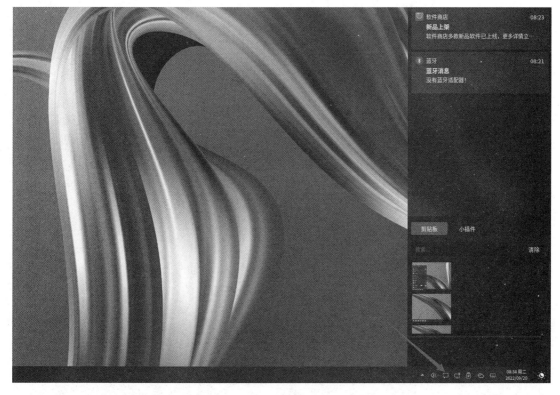

图 1-35　"通知中心"窗格

本章小结

　　本章介绍了 Linux 和银河麒麟操作系统，使读者了解 Linux 是什么、可以做什么；还介绍了如何安装银河麒麟操作系统，以及在桌面环境下的基础操作，包括最基本的开关机操作、登录/注销操作、系统设置等。

练习题

　　1. 什么是 Linux？什么是 GUN？
　　2. 常见的 Linux 发行版本有哪些？
　　3. Linux 的安装方式有哪些？有什么区别？
　　4. 如何更换桌面背景和分辨率？
　　5. 如何设置系统语言？

## 第2章

操作系统的常用软件

银河麒麟操作系统提供了非常丰富和强大的软件，在使用银河麒麟操作系统的过程中，如果掌握了这些软件的使用方法，将会给我们的工作、生活、学习、娱乐等方面带来极大的便利。

任务1 安装与卸载软件

1. 软件商店

软件商店是麒麟软件自主研制的应用商店，为用户提供常用软件的下载、安装、升级和卸载，免去使用命令安装、卸载软件的困扰。选择"UK"→"所有软件"→"软件商店"命令打开软件商店，或在"开始"菜单中搜索"软件商店"关键字打开软件商店，也可以单击任务栏中的"软件商店"按钮打开软件商店，如图 2-1 所示。

图 2-1 "软件商店"按钮

　　打开软件商店后，首页如图 2-2 所示。商店已经根据不同类型划分了页签，用户可以根据需要选择和下载软件。也可通过上方的搜索栏，输入软件的名称或关键字进行查找。

图 2-2　软件商店首页

　　单击首页右上方的"登录"按钮，弹出"麒麟 ID 登录中心"对话框，用户可以使用账号密码或手机号码短信验证码两种方式登录，登录时需要进行验证，如图 2-3 所示。

　　如果忘记密码，可以单击"麒麟 ID 登录中心"对话框中的"找回密码"按钮，跳转至麒麟统一用户中心，使用手机号、邮箱、密保问题三种方式中的任意一种找回密码。

2．软件安装与卸载

　　在软件商店中安装软件非常简单，以 uGet 为例，在软件商店搜索"uGet"，在搜索结果中直接单击"下载"按钮下载并自动安装软件，安装完成后单击"打开"按钮即可运行 uGet，也可以单击搜索结果，在查看详细信息后，单击"下载"按钮下载并安装，如图 2-4 所示。

　　如果想要卸载从软件商店下载安装的软件，除了在本机启动菜单中右击，在弹出的快捷菜单中选择"卸载"命令卸载软件，还可在软件商店中，选择"我的"选项，在"我的"页面中选择"应用卸载"选项，在系统安装的软件列表中，选择要卸载的软件，单击"卸载"按钮。如需批量操作，可以选中相应的软件卡片，或者先单击右上方的"全选"按钮，然后单击"一键卸载"按钮，如图 2-5 所示。

　　卸载软件时需要进行授权，在"授权"窗口中输入密码后，单击"授权"按钮才可以成功卸载软件，如图 2-6 所示。

图 2-3　"麒麟 ID 登录中心"对话框

图 2-4　单击"下载"按钮

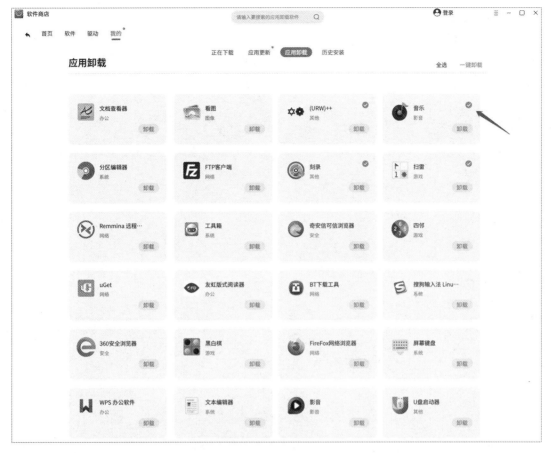

图 2-5　卸载软件

图 2-6　"授权"窗口

任务 2　使用文本编辑软件

我们使用计算机经常要查看、编辑文本，在银河麒麟操作系统上有很多与文本编辑相关的软件，如文本编辑器、文档查看器、输入法软件、麒麟便签本等，这些软件为处理文本提供了方便。

1．文本编辑器

文本编辑器是一款快速记录文字的软件，可以对临时性内容快速记录。在桌面空白处右击，选择"新建"→"空文件"命令，或在"开始"菜单中选择"文本编辑器"命令，打开应用，应用界面如图 2-7 所示。

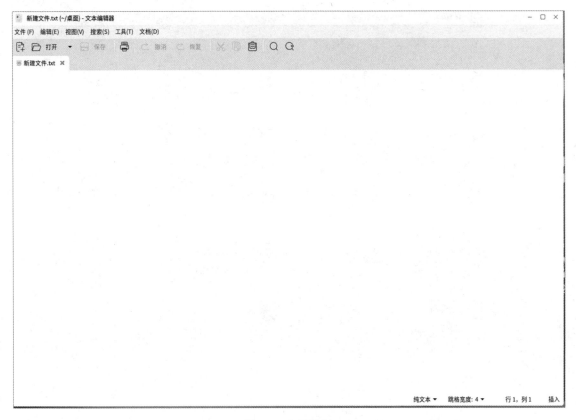

图 2-7　应用界面

文本编辑器的菜单如表 2-1 所示。

表 2-1　文本编辑器的菜单

菜　　单	命　　令	描　　述
文件	新建	创建一个新的文本文件
	打开	打开某一个文本文件
	保存	保存当前文本文件的内容
	另存为	将当前文本文件的内容保存到指定路径
	还原	恢复至保存前的文本内容
	打印预览	预览打印时的纸张内容和样式
	打印	打印当前文本
	关闭	关闭当前文本文件
	退出	退出文本编辑器
编辑	撤销	还原至上一步操作内容
	恢复	恢复至前一步操作，包括撤销内容
	剪切	剪切选中的文本内容
	复制	复制选中的文本内容

续表

菜　　单	命　　令	描　　述
编辑	粘贴	将选中的文本内容粘贴至当前文本文件
	删除	删除选中的文本内容
	全选	全部选中
	插入日期和时间	自动输入当前的日期和时间
	首选项	设置文本编辑器默认选项
视图	工具栏	是否显示上方工具栏
	状态栏	是否显示下方状态栏
	侧边栏	是否显示左侧侧边栏，默认不显示
	底部面板	是否显示底部面板
	全屏	全屏显示文本编辑器
	突出显示模式	更改显示模式，包括纯文本、源代码、脚本、标记等
搜索	查找	检索某一个关键字
	查找下一个	查找下一个关键字的位置
	查找上一个	查找上一个关键字的位置
	增量搜索	关键字累加搜索
	替换	替换文本内容
	清除高亮	清除文本高亮背景
	跳转到指定行	光标跳转至指定行数
工具	拼写检查	检查文本拼写的正确性
	自动检查拼写	在输入文本时自动检查拼写
	设置语言	选择当前文档的语言
	文档统计	对当前文档的行数、单词数、字符数等进行统计
文档	全部保存	保存打开的所有文本文档
	全部关闭	关闭所有打开的文本文档
	上一个文档	显示上一个文本文档
	下一个文档	显示下一个文本文档
	移动到新窗口	使当前文本文档在新窗口打开

2．文档查看器

文档查看器是系统自带的文档查看工具，用于查看 PDF 格式的文档。在"开始"菜单中选择"文档查看器"命令或在 PDF 文件图标上右击，选择"文档查看器"命令打开应用，应用界面如图 2-8 所示。

图 2-8　应用界面

文档查看器的菜单如表 2-2 所示。

表 2-2　文档查看器的菜单

菜　单	命　令	描　述
文件	打开	打开文档
	打开副本	在新窗口打开相同内容的文档
	保存为	保存文档至指定路径
	打印	打印文档
	属性	显示文档通用选项
	关闭	关闭文档查看器
编辑	复制	复制
	全选	全部选中
	查找	检索关键字
	查找上一个	查找上一个关键字结果
	查找下一个	查找下一个关键字结果
	向左旋转	文档向左旋转 90°
	向右旋转	文档向右旋转 90°
	工具栏	显示工具栏编辑器
	将当前设置设为默认值	将当前编辑器设置为默认
视图	工具栏	是否显示工具栏
	侧边栏	显示侧边栏
	全屏	全屏显示
	放映	使用放映模式查看文档
	连续	连续查看文档页
	双页	两列查看文档页
	反转色彩	转换为相对的颜色
	光标浏览	放置光标浏览文档
	放大	放大文档
	缩小	缩小文档
	重置缩放	恢复正常比例
	合适页面	缩放至页面合适大小
	合适页宽	缩放至页面合适宽度
	伸展窗口以适应	扩展页面窗口
	重新载入	重新加载窗口
转到	上一页	切换至上一页
	下一页	切换至下一页
	第一页	切换至第一页
	最后一页	切换至最后一页
书签	添加书签	添加标识至当前文档
帮助	目录	打开用户手册
	关于	应用声明信息

3．输入法软件

输入法软件是我们在输入文字时使用的软件，系统默认集成两种输入法：英文和搜狗拼音输入法麒麟版。用户可以在需要输入文字时按组合键 Ctrl+Shift 进行输入法的切换。以搜狗拼音输入法麒麟版为例，面板如 2-9 所示。

面板中的按钮对应了一些快捷功能，如切换"中/英文""全/半角""中/英文标点""符号大全"等，用户可以单击面板中的按钮直接进行设置。

图 2-9   搜狗拼音输入法麒麟版面板

用户也可以在"属性设置"对话框中进行设置。单击面板上最右侧的按钮，即可打开"属性设置"对话框，如图 2-10 所示。设置项包括输入习惯、快捷键、词库等。设置界面与软件版本有关，与图 2-10 不一定完全相符。

图 2-10   "属性设置"对话框

4．麒麟便签本

麒麟便签本是一款快速记录临时任务或紧急任务的工具，"贴"于系统桌面当中提醒用户待办事项。用户根据工作需要可以单击左下角"新建"按钮，生成多个便签本。麒麟便签本同时提供了搜索功能，可以搜索便签的内容，用户也可以删除便签，还可以根据便签的创建时间、修改时间、内容对便签本进行排序，如图 2-11 所示。

图 2-11   麒麟便签本

任务 3　使用网络工具软件

1．浏览器

银河麒麟操作系统预装三款浏览器为用户提供便捷、安全的网页浏览，分别为 Firefox 网络浏览器、奇安信可信浏览器和 360 安全浏览器，Firefox 网络浏览器如图 2-12 所示。

图 2-12　Firefox 网络浏览器

以 Firefox 网络浏览器为例，表 2-3 中列出了一些常用的快捷键。

表 2-3　Firefox 网络浏览器常用的快捷键

快　捷　键	描　　述
Ctrl+D	将当前网页添加为书签
Ctrl+B	打开书签侧边栏
Ctrl+R 或 F5	刷新页面
Ctrl+T	在浏览器窗口中打开一个新标签，以实现多重网页浏览
Ctrl+N	打开一个新的浏览器窗口
Ctrl+Q	关闭所有窗口并退出
Ctrl+L	将鼠标指针移至地址栏
Ctrl+P	打印当前正显示的网页或文档
F11	全屏
Ctrl+H	打开浏览的历史记录

续表

快 捷 键	描　　述
Ctrl+F	在页面中查找关键字
Ctrl+ +	放大网页上的字体
Ctrl+ -	缩小网页上的字体
Shift+鼠标左键	在新窗口中打开页面
Ctrl+滚轮上滚	放大字体
Ctrl+滚轮下滚	缩小字体
Shift+滚轮上滚	前进
Shift+滚轮下滚	后退
中键单击选项卡	关闭选项卡

2．麒麟传书

麒麟传书用于在局域网中发送消息和传输文件，如图 2-13 所示。

输入接收方的 IP 地址后，添加发送的内容和文件，在网络可达的情况下即可发送消息或文件，发送窗口如图 2-14 所示。

图 2-13　麒麟传书　　　　　　　　　　图 2-14　发送窗口

3．麒麟天气

麒麟天气可以通过网络在线查看全国城市未来一周的天气情况，用户可以在"开始"菜单中选择"麒麟天气"命令或单击屏幕右下角的白色云彩按钮打开麒麟天气。麒麟天气默认显示当前城市的天气情况，用户可以在右上方的搜索栏中搜索国内某一个城市的天气情况。如果关注的城市很多，可以单击左上角"+"按钮收藏城市，更加快捷地查询某一个城市的天气，如图 2-15 所示。

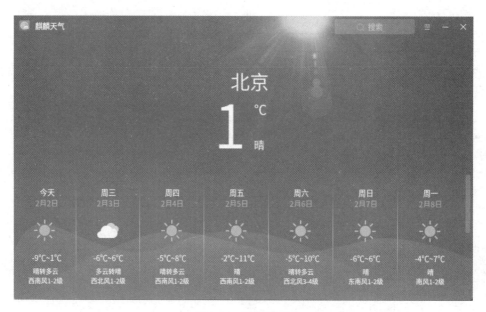

图 2-15　麒麟天气

任务 4　使用多媒体工具软件

1. 截图工具

系统提供了麒麟软件自主研发的截图工具，方便用户对重要内容进行截图保存。在"开始"菜单中找到"截图"命令，单击打开会直接进行截图操作，如图 2-16 所示。

图 2-16　截图工具

截图工具栏的图标如表 2-4 所示。

表 2-4　截图工具栏的图标

图　标	名　称	描　述
□	方框	画出方形
○	圆形	画出圆形
／	直线	画出直线
↖	箭头	画出箭头
╱	画笔	自行绘画
▌	标记	进行绘画标记
T	文本	添加文字
▦	模糊	模糊区域
↺	撤销	撤销至上一步操作
选项 ∨	选项	设置截图保存位置和图片格式
×	取消截图	取消截图操作
🗐	复制至剪切板	将截图复制至剪切板
保存	保存	保存截图内容

2.　看图工具

系统同样集成了图像查看工具——看图。看图提供系统图片文件的查看功能，支持打开多种格式的图片，支持图片的放大、缩小。在"开始"菜单中选择"看图"命令可以直接打开看图工具，双击现有的图片，系统默认使用看图工具打开图片，看图工具界面如图 2-17 所示。

图 2-17　看图工具界面

看图工具的菜单如表 2-5 所示。

表 2-5　看图工具的菜单

菜　　单	命　　令	描　　述
图像	打开	选择图片并打开
	打开方式	选择使用其他应用打开当前图片
	保存	保存图片
	另存为	将图片保存到指定路径
	打印	打印图片
	设为桌面背景	将图片设置为桌面背景
	打开包含的文件夹	打开图片所在的文件夹
	属性	设置图像查看器属性
	关闭	关闭图像查看器
编辑	撤销	撤销操作至上一步
	复制	复制内容
	水平翻转	将图片水平翻转
	垂直翻转	将图片竖直翻转
	顺时针旋转	顺时针旋转图片
	逆时针旋转	逆时针旋转图片
	移动到垃圾箱	将图片移动至回收站
	工具栏	设置工具栏展示内容
	首选项	设置默认选项
视图	工具栏	是否显示工具栏
	状态栏	是否显示状态栏
	图集	是否显示图片图集
	侧边栏	是否显示侧边栏
	全屏	是否全屏幕显示
	幻灯片	是否以幻灯片形式显示
	放大	放大图片
	缩小	缩小图片
	正常大小	以图片正常大小查看图片
	最佳长度	以图片最佳长度查看图片
转到	上一个图像	查看上一张图片
	下一个图像	查看下一张图片
	第一个图像	查看第一张图片
	最后一个图像	查看最后一张图片
	随机图像	随机查看图片
帮助	目录	打开用户手册目录
	关于	图像查看器应用声明

3．画图工具

KolourPaint 是一款画图软件，用户可以通过操作鼠标对画板或者现有图片进行填充或涂改，并支持保存修改后的画板和图片。打开"开始"菜单，选择"KolourPaint"命令即可打开该软件。

KolourPaint 界面如图 2-18 所示，默认显示白色画板和黑色画笔，用户可以在左侧工具栏选择相应的绘画工具后，在白色画板中绘画。

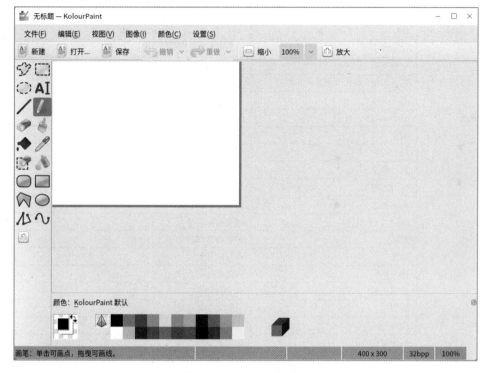

图 2-18　KolourPaint 界面

KolourPaint 的菜单如表 2-6 所示。

表 2-6　KolourPaint 的菜单

菜　　单	命　　令	描　　述
文件	新建	创建新画板
	打开	打开现有图像
	扫描	扫描图像
	获取抓图	屏幕截图
	属性	设置画图工具的 DPI、文字段
	保存	保存现有画板的图像内容
	另存为	将现有画板内容保存到指定路径
	导出	导出为图片
	重新载入	载入至上一次保存的位置
	打印	打印图像
	打印预览	打印前预览内容
	邮件	邮件发送
	关闭	关闭当前画板
	退出	退出画图工具
编辑	撤销	返回至前一步操作
	重做	前进至下一步操作
	剪切	裁剪图形
	复制	复制当前图形
	粘贴	粘贴当前图形
	删除选中范围	删除选中区域的图形
	从文件粘贴	选择某一个文件并粘贴至画板

菜　　单	命　　令	描　　述
视图	实际大小	显示内容实际大小
	适合页面	调整至合适大小浏览
	适合页宽	调整至合适页宽浏览
	适合页高	调整至合适页高浏览
	缩小	缩小画板
	缩放	缩放画板
	放大	放大画板
	显示网格	显示画板网格
	显示缩略图	显示画板缩略图
图像	自动剪裁	自动剪裁画板
	改变大小/缩放	改变画板尺寸
	翻转	垂直翻转画板
	镜像	水平翻转画板
	向左旋转	向左旋转画板
	向右旋转	向右旋转画板
	旋转	自定义旋转画板
	扭曲	扭曲图像
	降为单色	画图内容变为单色
	降为灰色	画图内容变为灰色
	标记为机密	画图内容模糊
	更多效果	设置效果、亮度、对比度等
	翻转颜色	翻转颜色
	清除	清空画板
	绘制相似颜色	设置不同像素的色彩达到相似
设置	显示工具栏	是否显示工具栏
	显示状态栏	是否显示顶部状态栏
	绘制抗锯齿绘图	绘制抗锯齿绘图
	配置键盘快捷键	设置快捷键
	配置工具栏	设置工具栏菜单

左侧工具栏中的图标如表 2-7 所示。

表 2-7　左侧工具栏中的图标

图　　标	名　　称	描　　述
	选择（自由形式）	灵活选择画板上的图像内容
	选择（矩形）	选择画板上固定矩形区域内的图像内容
	选择（椭圆）	选择画板上固定椭圆区域内的图像内容
	文字	添加文本文字
	直线	画出一条直线

续表

图　标	名　称	描　述
	画笔	绘制自定义线条
	橡皮擦	擦除画板上的内容
	刷子	绘制粗线条
	填充	将区域填充为选中颜色
	取色器	提取该区域的颜色
	缩放	放大或缩小画板上的指定区域
	颜色橡皮擦	擦除区域内的颜色，保留画图内容
	喷雾	描绘喷雾式的线条
	圆润矩形	画出圆角矩形
	矩形	画出直角矩形
	多边形	根据单击的交点画出多边、不规则图形
	椭圆	画出圆形或椭圆形
	连接线	画出连接线段
	曲线	画出一条直线，单击直线上某一点进行拖动，形成曲线
	缩放	缩放画板大小

KolourPaint 提供不同的颜色，单击相应颜色可以进行切换，如图 2-19 所示。

图 2-19　KolourPaint 提供的颜色

4. 麒麟影音

麒麟影音提供音频和视频文件的播放。用户可以使用系统自带的视频播放器播放本机中已下载或已购买的音频和视频文件。

打开"开始"菜单，选择"麒麟影音"命令可以打开工具，界面如图 2-20 所示，添加视频文件，选择播放列表中的视频文件，单击"播放"按钮即可。

图 2-20　麒麟影音界面

单击界面右上方最小化按钮左侧的菜单栏按钮打开麒麟影音的菜单栏，如表 2-8 所示。

表 2-8　麒麟影音的菜单栏

一级菜单	二级菜单	描　　述
打开文件		从本地文件夹中打开音视频文件
屏幕截图		截取当前一帧视频播放内容形成图片，保存至本地文件夹
设置	常规	设置播放引擎，最小化客户端时是否暂停播放，视频播放时是否进行预览
	视频	设置是否启用后期处理、软件视频均衡器、直接渲染、双缓冲、使用切片方式绘制视频，设置输出驱动
	音频	设置是使用全局音量、使用软件音量控制，设置最大放大率、音量标准化、是否自动同步音视频，修改输出驱动、默认声道
	性能	设置本地文件缓存大小、流缓存大小，设置解码线程个数、硬件编码
	字幕	加载字幕文件，设置字幕编码格式、是否自动检测语言
	屏幕截图	是否启用屏幕截图，截图保存的路径、格式
	快捷键	设置按钮功能快捷键

麒麟影音将常用按钮放置在底部功能栏中，在用户观看视频时避免鼠标指针与视频界面交叉，增强用户的体验感，底部功能栏的图标如表 2-9 所示。

表 2-9　底部功能栏的图标

图　　标	名　　称	描　　述
▷	播放	播放视频
00:00:00 / 00:00:00	时长	查看当前时长/总时长

图 标	名 称	描 述
	上一个	切换至播放列表中的上一个视频
	停止	停止播放
	下一个	切换至播放列表中的下一个视频
	音量调节	调整音量大小
	全屏	全屏幕显示
	播放列表	查看播放列表

5. 麒麟录音

麒麟录音提供语音录制功能，方便用户记录和回放重要的音频，录制完成后，音频文件会被保存在本地文件夹中，便于存储和查找。打开"开始"菜单，选择"录音"命令即可打开工具，麒麟录音界面如图 2-21 所示。

图 2-21　麒麟录音界面

打开麒麟录音后，单击左侧粉色的按钮开始录制，在录制过程中可以拖动声音滚动条调节声音大小，也可以单击"暂停"按钮暂停录音，录制完成后单击"停止"按钮完成录制，如图 2-22 所示，完成录制后，麒麟录音会根据设置的保存路径，自动保存音频文件。

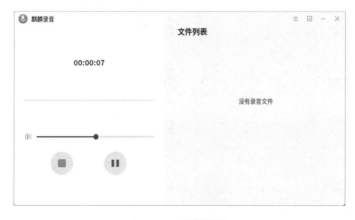

图 2-22　音频录制

单击界面右上方的最小化按钮左侧的灰色按钮，可以缩放录音界面至简易模式，更加方便在录制时操作其他窗口，如图 2-23 所示。

图 2-23　简易模式

任务 5　使用办公应用软件

图 2-24　麒麟计算器的默认界面

1．麒麟计算器

麒麟计算器提供了高级数学计算功能，可以完成复杂的数学计算。麒麟计算器有标准、科学和汇率 3 种模式，用户可以根据需求随意切换计算器模式。打开"开始"菜单，选择"计算器"命令打开工具，默认界面如图 2-24 所示。

打开计算器后，用户可以根据计算类型选择模式。使用键盘键入或单击计算器中的数字和运算符输入计算内容，使用回车键或单击"="按钮即可得到计算结果。

2．打印机

系统对常见的打印机品牌和类型进行了适配，方便办公应用。系统支持添加多个打印机外设，并且支持网络打印机设备的使用。打开"开始"菜单，单击"设置"按钮，在弹出的"设置"窗口中选择"设备"选项，如图 2-25 所示，系统会自动定位至"打印机"选项卡。

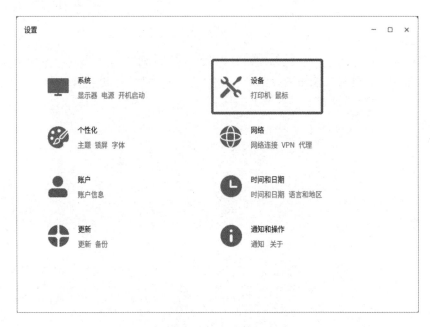

图 2-25　选择"设备"选项

　　单击窗口中的"添加打印机和扫描仪"按钮，启动添加打印机向导，如图 2-26 所示。以网络打印机为例，其他类型打印机的添加方法可以在选择设备时自行修改。

图 2-26　添加打印机向导

　　展开"网络打印机"列表，用户可以选择软件自动识别的网络打印机，也可以手动输入打印机 IP 地址进行查找，如图 2-27 所示。

图 2-27　添加网络打印机

　　选择需要添加的打印机型号，单击"转发"按钮，系统自动安装打印机驱动。安装完成后，用户可以根据需要对打印机的信息进行修改，如图 2-28 所示。

图 2-28　修改打印机的信息

单击"应用"按钮后，弹出打印测试页提示窗口，可以打印测试页确认打印机是否连接成功，如图 2-29 所示。

图 2-29　打印测试页提示窗口

添加完成后，打印机的图标和名称会显示在打印机列表中，如图 2-30 所示。

图 2-30　打印机列表

打印机菜单中的命令如表 2-10 所示。

表 2-10　打印机菜单中的命令

菜　单	命　令	描　述
服务器	连接	连接 CUPS 服务器
	设置	设置共享打印机、远程管理、打印机任务
	新建	创建新的打印机连接和分类
	退出	退出打印机窗口
打印机	属性	设置当前打印机描述信息、策略、访问控制、墨水级别
	复制	复制打印机信息
	重命名	更改打印机名称
	删除	删除打印机配置信息
	启用	是否启用该打印机
	共享	是否共享该打印机
	查看打印机队列	查看该打印机正在进行的打印任务
	查看	查看已经发现的打印机
帮助	故障排除	引导用户排除打印机的常见故障
	关于	关于打印机的说明

3．麒麟扫描

麒麟扫描是一款方便、快捷的扫描工具，可以将纸质文档扫描保存至系统文件夹中，并对文档进行编辑、剪裁，形成可操作的电子文档。

打开"开始"菜单，选择"文档扫描仪"命令即可打开工具，界面如图 2-31 所示。

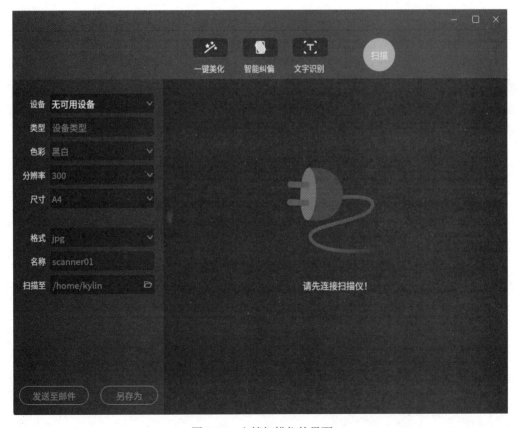

图 2-31　文档扫描仪的界面

连接扫描设备后，设置纸张和分辨率，单击界面上方"扫描"按钮对文档进行扫描。扫描完毕后，可以针对结果进行一键美化、纠偏，识别文档中的文字。电子文档可以通过单击界面左下方的"发送至邮件"或"另存为"按钮选择保存的方式和途径。

4. 麒麟刻录

麒麟刻录可以将安装包刻录至光盘中形成安装光盘，通过光驱引导将安装包中的内容安装至其他计算机主机中。麒麟刻录分为数据刻录、镜像刻录和复制光盘。

数据刻录将本机中的安装包刻录至光盘中形成安装光盘，如图 2-32 所示。单击"添加"按钮，将本机中的安装包添加至待刻录区域中，选择"当前刻录机"和"光盘型号"，单击"创建镜像"按钮完成刻录。在刻录前，可以删除待刻录区域中的文件，或新建文件夹。

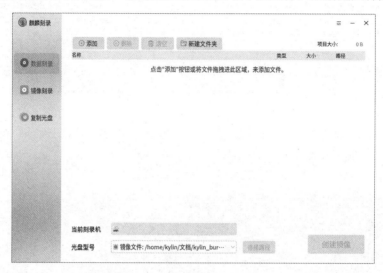

图 2-32　数据刻录

镜像刻录可以将本机中的镜像文件直接刻录至光盘中进行存储，如图 2-33 所示。单击"浏览"按钮，选择存储的镜像文件，选择光盘，单击右下角的"开始刻录"按钮完成镜像刻录。

图 2-33　镜像刻录

复制光盘可以将光盘中的内容复制至本机形成镜像文件，如图 2-34 所示。选择要复制的光盘后，选择刻录的文件夹路径，单击"创建镜像"按钮，刻录完成后，镜像文件会自动在选择的路径下生成。

图 2-34　复制光盘

5. U 盘启动器

麒麟 U 盘启动器可以将镜像文件制作成 U 盘形式的安装介质，方便无光驱介质的计算机安装镜像文件，如图 2-35 所示。选择本机中的光盘镜像文件，插入 U 盘，单击"开始制作"按钮，制作完成后正确弹出 U 盘即可。

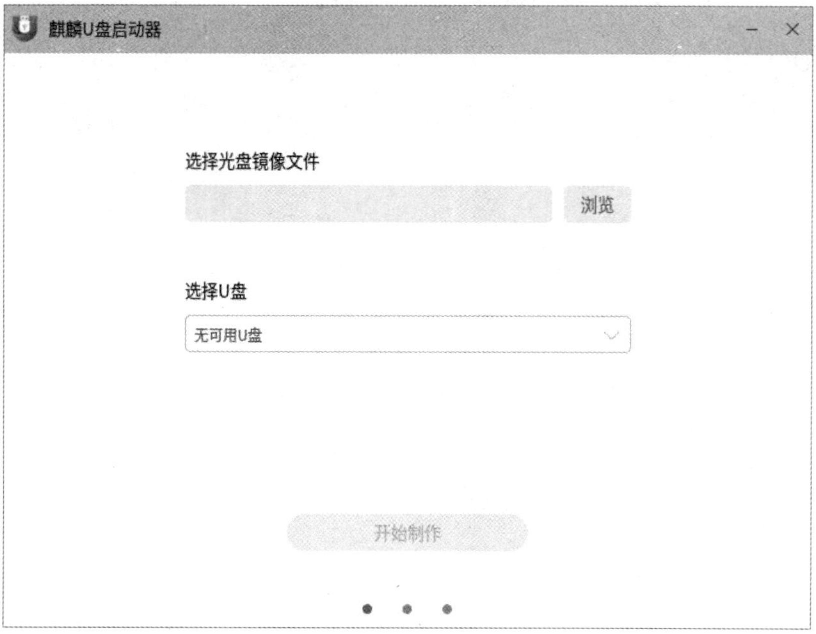

图 2-35　麒麟 U 盘启动器

6．麒麟助手

麒麟助手可以对系统进行清理，如清理系统缓存、Cookies 和历史痕迹，以维护系统硬件驱动，如图 2-36 所示。

图 2-36　麒麟助手

单击"开始清理"按钮，麒麟助手开始自动扫描并清理上述内容，清理完成后告知用户清理结果，如图 2-37 所示。

图 2-37　对系统进行清理

选择"驱动管理"选项可以查看系统当前硬件的信息，便于后期更新驱动程序，"驱动管理"界面如图 2-38 所示。

图 2-38　"驱动管理"界面

选择"本机信息"选项可以查看本机的基本信息和硬件信息，包括 CPU、主板、硬盘、网卡、显卡、声卡等，"本机信息"界面如图 2-39 所示。

图 2-39　"本机信息"界面

"工具大全"界面中显示了常用的麒麟软件商店、麒麟系统监视器和文件粉碎机，单击相应的图标即可打开应用，如图 2-40 所示。

图 2-40 "工具大全"界面

任务 6 使用备份还原工具

麒麟备份还原工具用于对系统文件和用户数据进行备份或还原，除了可以直接备份，还可以在某次备份的基础上再次进行备份。麒麟备件还原工具也支持将系统还原到某次备份时的状态或在保留某些数据的情况下进行部分还原。麒麟备份还原工具通过多种备份还原机制为用户提供了安全可靠的系统备份和恢复措施，降低了系统崩溃和数据丢失的风险。麒麟备份还原工具的模式如表 2-11 所示。

表 2-11 麒麟备份还原工具的模式

模　式	启用方法	适用情形
常规模式	开机启动系统，登录后打开工具	正常使用备份还原
Grub 备份还原	在 Grub 启动界面选择"系统备份还原模式"选项	对系统进行备份，或还原到最近一次成功备份时的状态

操作系统的分区结构如图 2-41 所示，可以被划分为根分区、数据分区、备份还原分区、其他分区。

根分区	数据分区	备份还原分区			其他分区
		备份1	备份2	备份n	
硬盘					

图 2-41 操作系统的分区结构

这里需要注意，麒麟备份还原工具仅限系统管理员使用。备份时，根分区、其他分区的数据被保存到备份还原分区。还原时，保存在备份还原分区的数据恢复到对应分区。数据分区保存的内容与系统关系不大，且通常容量很大，因此不建议对数据分区进行备份和还原。备份还原分区用于保存和恢复其他分区的数据，因此备份还原分区的数据不允许备份或还原。在安装操作系统时，必须创建备份还原分区，才能使用备份还原工具。

1. 常规模式下的系统备份

系统备份功能有"高级系统备份"和"全盘系统备份"两个选项。其中，"高级系统备份"选项卡中有"新建系统备份"和"系统增量备份"两个选项，选择"新建系统备份"选项可以将除备份还原分区、数据分区外的整个系统进行备份。选择"系统增量备份"选项会在一个已有备份的基础上进行备份，如图 2-42 所示。

图 2-42 "高级系统备份"选项卡

选择"新建系统备份"选项开始备份，麒麟备份还原工具提供了专门的图形用户界面，供用户指定在备份过程中需要忽略的分区、目录或文件，如图 2-43 所示。

图 2-43 麒麟备份还原工具的图形用户界面

备份的指定忽略目录说明（以/home 为例），如表 2-12 所示。

表 2-12　备份的指定忽略目录说明

路　　径	效　　果
/home/*	忽略/home 目录下的所有文件，会创建内容为空的/home 目录
/home	忽略/home 目录下的所有文件，并且不会创建/home 目录

当确定进入备份时，系统绘查看备份还原分区是否有足够的空间来进行本次备份。如果没有足够的空间，则会有报错弹窗；如果有足够的空间，则会依次给出提示，如图 2-44 所示。

图 2-44　备份提示

单击"继续"按钮，系统会在备份还原分区上新建一个备份。在备份过程中，会显示正在备份提示框，如图 2-45 所示。备份时间的长短与备份内容的大小有关。

图 2-45　正在备份提示框

在麒麟备份还原工具的"高级系统备份"选项卡中的"开始备份"按钮旁边有"备份管理"按钮，单击后可以查看系统备份状态，删除无效备份，如图 2-46 所示。

图 2-46　查看系统备份状态

当选择增量备份后，会弹出一个列出了所有备份的对话框，供用户选择。特别说明，用户可以在失败的备份的基础上进行增量备份。

使用全盘系统备份功能无须选择忽略的文件路径，可以直接对系统全盘进行备份。

2．常规模式下的系统还原

系统还原功能有"高级系统还原"和"全盘系统还原"两个选项。"高级系统还原"选项可以自定义将系统还原到以前一个备份时的状态，"全盘系统还原"选项无须添加忽略的文件路径，直接从还原点进行还原。"高级系统还原"选项卡如图 2-47 所示。

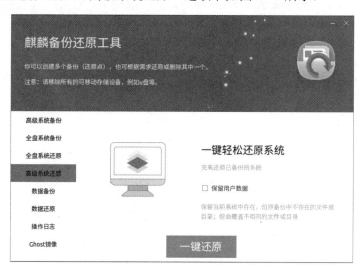

图 2-47　"高级系统还原"选项卡

单击"一键还原"按钮，将系统还原到某个备份时的状态。麒麟备份还原工具提供了专门的图形用户界面，供用户指定在还原过程中需要忽略的分区、目录或文件，如图 2-48 所示。还原成功后，系统会自动重启。

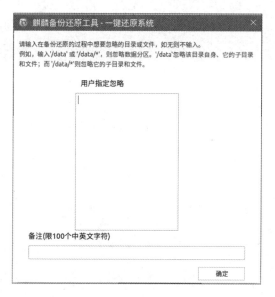

图 2-48　还原的图形用户界面

还原的指定忽略目录说明（以/home 为例），如表 2-13 所示。

表 2-13　还原的指定忽略目录说明

路　　径	效　　果
/home/*	不还原/home 下的文件，会创建/home 目录
/home	不还原/home 下的文件，也不会创建/home 目录

如果勾选"保留用户数据"复选框，系统将用备份中已有的文件覆盖现有文件，并且不删除现有系统比备份多出来的文件。

3. 数据备份与数据还原

数据备份功能会对用户指定的目录或文件进行备份，如图 2-49 所示，系统会对/home/kylin/目录中的内容进行备份。单击"开始备份"按钮旁边的"备份管理"按钮可以查看数据备份状态，删除无效备份。

数据还原功能还原到某个备份时的状态，"数据还原"选项卡如图 2-50 所示。完成还原后，系统会自动重启。

图 2-49　数据备份功能

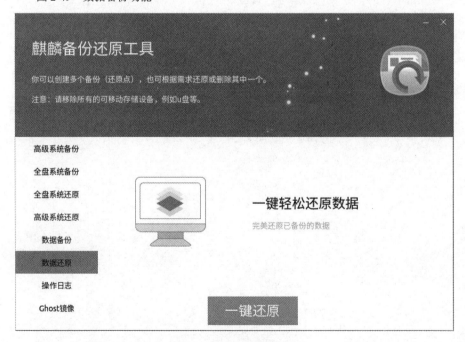

图 2-50　"数据还原"选项卡

"操作日志"选项卡中记录了在麒麟备份还原工具上的所有操作，如图 2-51 所示。

图 2-51　"操作日志"选项卡

4．Ghost 镜像

Ghost 镜像安装是指先将一台机器上的系统生成一个镜像文件，再使用该镜像文件来安装操作系统。要使用该功能，首先需要有一个系统备份。选择"Ghost 镜像"选项，软件会有几点提示，如图 2-52 所示。

图 2-52　软件提示

单击"一键 Ghost"按钮后，会弹出"系统备份信息列表"窗口，如图 2-53 所示。用户选择一个备份后，开始制作 Ghost 镜像。镜像文件名的格式为"主机名+体系架构+备份名称.kyimg"，其中，备份名称只保留了数字。

图 2-53　"系统备份信息列表"窗口

安装 Ghost 镜像首先要把制作好的 Ghost 镜像（存在于/ghost 目录下）复制到 U 盘等可移动存储设备中。然后，进入 LiveCD 系统，并接入可移动设备。设备通常会自动挂载，如果没有自动挂载，用户可以通过终端手动将设备挂载到/mnt 目录下。通常情况下，移动设备为/dev/sdb1，用户可以使用 fdisk -l 命令查看。输入以下命令 "sudo mount/dev/sdb1/mnt" 完成挂载。最后，双击图标 "安装 Kylin-Desktop-V10 (SP1)"，开始安装引导。"安装方式" 选择 "从 Ghost 镜像安装" 选项，并找到移动设备中的 Ghost 镜像文件。

需要注意的是，如果制作镜像文件时带有数据盘，则在下一步 "安装类型" 中勾选 "创建数据盘" 复选框。

5．Grub 备份还原

在启动系统时，在 Grub 菜单中选择 "系统备份还原模式" 选项，可以选择备份或者还原。若出错，可以重启系统再次进行备份或还原。

备份模式，系统立即开始备份，屏幕上会给出提示。备份模式等同于麒麟备份还原工具中的 "新建系统备份" 选项。如果备份还原分区没有足够的空间，则无法成功备份。

还原模式，系统立即开始还原到最近一次的成功备份的状态。还原模式等同于麒麟备份还原工具中的 "高级系统还原" 选项。如果备份还原分区上没有一个成功的备份，则系统不能被还原。

6．LiveCD 备份还原

通过系统启动盘进入操作系统后，选择 "UK" → "所有程序" → "麒麟备份还原工具" 命令打开软件，如图 2-54 所示。其还原功能可以参考常规模式下的系统还原。

图 2-54　LiveCD 备份还原

本章小结

　　本章主要介绍了银河麒麟操作系统中常用软件的基本操作，包含软件商店、文本编辑软件、网络工具、多媒体工具软件、办公应用软件、系统备份还原工具等，使读者掌握了如何使用银河麒麟操作系统完成日常工作，实现了从陌生到熟悉的过渡。

练习题

　　1．如何使用软件商店安装和卸载软件？
　　2．如何安装中文输入法并在文本编辑软件中输入中文？
　　3．系统备份还原的作用是什么？

第3章

系统安全与保护

安全设置与防范是如今计算机操作系统运行过程中一个十分重要的组成部分,其在应对外来威胁,以及保证整个计算机的安全和稳定性上发挥着十分重要的作用。只有加强对相关方面的认识,才能将安全设置及防范工作做好。

任务1 认识并运行安全中心

1. 安全中心简介

安全中心是由麒麟安全团队开发的一款系统安全管理程序,其首页包含账户安全、安全体检、病毒防护、网络保护、应用控制与保护5个模块,系统已默认安装。

2. 运行安全中心

选择"UK"→"所有程序"→"安全中心"命令,或者选择"UK"→"设置"→"安全与更新"命令打开安全中心,其首页如图 3-1 所示。

图 3-1 安全中心首页

任务 2　账户安全设置

在账户安全模块中，用户可以对账户密码安全、账户锁定及登录信息显示进行设置。其中，如果在"账户密码安全"选区中选中"自定义"单选按钮，就可以激活"密码强度设置"对话框。

单击首页的"账户安全"按钮，或选择左侧列表中的"账户安全"选项进入"账户安全"选项卡，如图 3-2 所示。

图 3-2　"账户安全"选项卡

1. 密码强度配置

密码强度分为高级、中级、低级、自定义 4 种配置模式。

- 高级：密码长度至少 8 位，包含大写字符、小写字符、数字、特殊字符中的 3 种。
- 中级：密码长度至少 6 位，包含大写字符、小写字符、数字、特殊字符中的 2 种。
- 低级：无密码长度和字符类别限制。
- 自定义：根据需求设置密码强度。如果设置的策略与高级、中级或低级相同，则回到"账户安全"选项卡时，将自动切换到对应的模式。

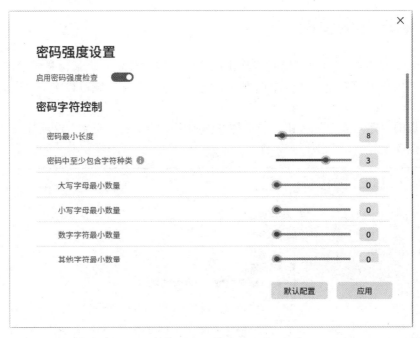

图 3-3 自定义密码强度

在"密码强度设置"对话框中，提供以下 3 个维度的设置。

- 密码字符控制，包括密码最小长度、密码中至少包含字符种类、大写字母最小数量、小写字母最小数量等的设置。如果用户配置内容出现冲突，会给出相应提示。
- 密码高级设置，包括密码中禁止包含用户名、启用回文检查、启用相似性检查、启用密码字典和密码有效期的设置。
- 密码连续字符控制，包括同一字符连续出现最大次数、同类型字符序列连续最大次数和同类型字符连续出现最大次数的设置。

系统对比较难理解的配置项增加了提示功能。当鼠标指针悬停在提示图标上时，会显示该配置项的详细说明。

2. 账户锁定

账户锁定是指在使用密码字典或通过暴力破解的方式登录账户的情况下，为保护账户而将账户锁定，在一定时间内不能使用此账户，从而挫败连续的猜解尝试。如果操作系统没有设置账户锁定，就对黑客的攻击没有任何限制。只要黑客有足够的耐心，就可以通过自动登录工具和密码字典进行攻击，甚至可以进行暴力攻击，破解密码只是一个时间问题。

用户可以选择是否启用账户锁定功能，出于安全的考虑，强烈建议用户开启此功能。启用账户锁定功能后，用户可以设置密码错误阈值与锁定时长。当用户连续输入错误登录密码的次数达到设定的阈值时，账户进入锁定状态，此时将无法继续输入登录密码，锁定时间的长度可以设置，这样可以有效地避免自动猜解工具的攻击。账户被锁定后，合法用户在锁定期间也无法使用系统，锁定账户常常会造成一些不便，但系统的安全有时更为重要。

3. 登录信息显示

登录信息显示设置仅对控制台有效，用户可以设置上次登录信息显示和历史登录失败信息显示功能。关于控制台，我们会在后面的内容中进行介绍。

任务3 对系统进行安全体检

单击首页的"安全体检"按钮，或选择左侧列表中的"安全体检"选项进入"安全体检"选项卡，如图3-4所示。

图3-4 "安全体检"选项卡

安全体检是对系统进行加固的重要手段之一，包含基线项（安全标准）和 CVE 漏洞的扫描修复功能。用户在每次体检前都能查看上一次的体检情况，"查看上次体检情况"对话框中会集中展示一些重要信息，如扫描项目、扫描耗时、发现/修复风险项、体检日期。

如果系统扫描出 CVE 漏洞，就无法取消勾选，必须一键修复，否则将影响用户的系统安全，如图3-5所示。

图3-5 完成安全体检

体检完成后，单击"一键修复"按钮，系统会自动修复扫描出的配置问题和 CVE 漏洞。修复后的显示如图 3-6 所示。

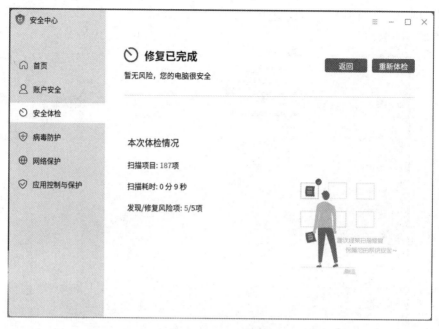

图 3-6   修复后的显示

单击扫描项目后面的数字，打开"查看本次体检情况"对话框，如图 3-7 所示。无风险、未修复、修复成功、修复失败的扫描项目全部包含在内。修复失败的 CVE 漏洞将有失败原因提示，如网络异常、下载失败、安装失败等。

序号	类型	等级	描述	扫描修复结果
1	漏洞	低	Sudo 安全漏洞(CVE-2019-19232)	修复成功
2	漏洞	低	Sudo 安全漏洞(CVE-2019-19234)	修复成功
3	漏洞	低	Sudo 缓冲区错误漏洞(CVE-2019-18634)	修复成功
4	漏洞	低	Sudo 后置链接漏洞(CVE-2021-23239)	修复成功
5	漏洞	高	Sudo 缓冲区错误漏洞(CVE-2021-3156)	修复成功
6	漏洞	中	ISC BIND 安全漏洞(CVE-2016-2776)	无风险
7	漏洞	中	ISC 安全漏洞(CVE-2017-3135)	无风险
8	漏洞	中	ISC BIND 安全漏洞(CVE-2017-3136)	无风险
9	漏洞	中	ISC BIND 安全漏洞(CVE-2017-3137)	无风险
10	漏洞	中	ISC BIND 安全漏洞(CVE-2017-3138)	无风险

图 3-7   "查看本次体检情况"对话框

再次打开"安全体检"选项卡，单击右下角的"查看上次体检情况"文字链接，弹出"查看上次体检情况"对话框，如图 3-8 所示。

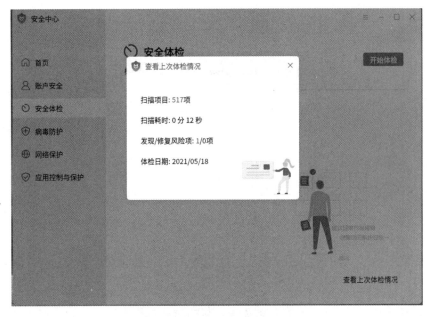

图 3-8　"查看上次体检情况"对话框

任务 4　病毒防护

单击首页的"病毒防护"按钮，或选择左侧列表中的"病毒防护"选项进入"病毒防护"选项卡。如果系统未安装奇安信网神终端安全管理系统，则"病毒防护"选项卡如图 3-9 所示。

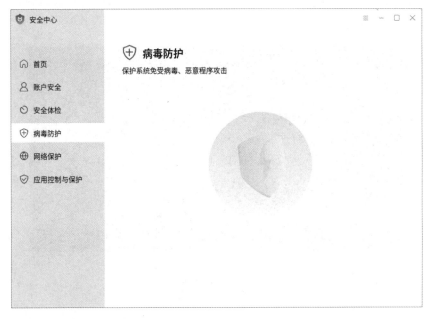

图 3-9　未安装奇安信网神终端安全管理系统的"病毒防护"选项卡

如果系统已安装奇安信网神终端安全管理系统，则"病毒防护"选项卡如图 3-10 所示。

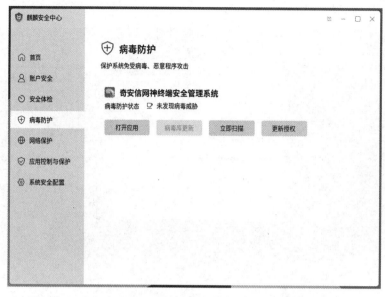

图 3-10　安装奇安信网神终端安全管理系统的"病毒防护"选项卡

"病毒防护"选项卡集中展示了当前系统安装的防病毒程序，以及在各防病毒程序检测下系统的防病毒待办事项、病毒防护状态及软件更新状态，同时为每个防病毒程序单独提供打开应用、病毒库更新、立即扫描、更新授权 4 种功能。

1. 打开应用

单击"打开应用"按钮即可打开奇安信网神终端安全管理系统。奇安信网神终端安全管理系统首页提供病毒查杀、一键清理、优化加速、文件粉碎操作的入口，如图 3-11 所示。另外，单击首页右上方的第一个按钮▤，在弹出的列表中提供病毒库离线更新、安全日志、系统设置、关于我们、授权信息操作的入口。

图 3-11　奇安信网神终端安全管理系统首页

　　单击"病毒查杀"按钮即可对系统进行扫描，病毒查杀有 3 种扫描方式，即快速扫描、全盘扫描、自定义扫描，如图 3-12 所示。快速扫描对系统关键路径、系统内存进行病毒扫描，快速查杀病毒、木马等恶意软件。全盘扫描和快速扫描类似，但花费的时间更多，扫描的对象是整个系统。自定义扫描可以对用户指定的目录进行扫描。

图 3-12　病毒查杀的 3 种扫描方式

　　单击"一键清理"按钮可以对 Cookies、电脑垃圾、上网痕迹进行清理，让计算机保持较好的工作状态，如图 3-13 所示。

图 3-13　单击"一键清理"按钮

单击"优化加速"按钮可以对系统的启动项进行设置，关闭一些不必要的启动项可以提升开机速度，如图 3-14 所示。

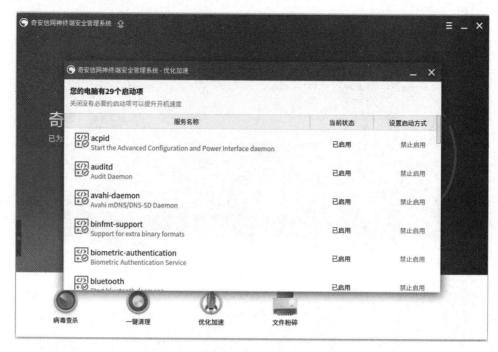

图 3-14　单击"优化加速"按钮

单击"文件粉碎"按钮可以将难以手动删除的"顽固"文件或文件夹彻底删除，如图 3-15 所示。

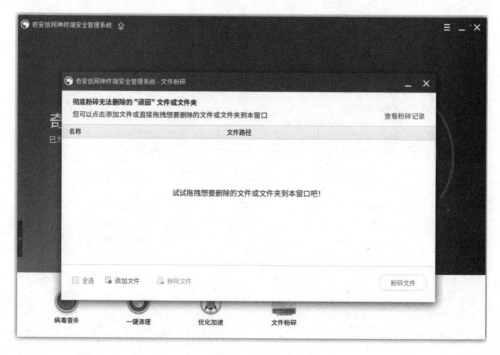

图 3-15　单击"文件粉碎"按钮

2．病毒库更新

当奇安信网神终端安全管理系统检测到有新的病毒库时，病毒库更新功能开放。用户可以升级病毒库，更全面地保护当前系统的安全，病毒库更新如图 3-16 所示。

图 3-16　病毒库更新

为了防止个人信任的文件被误杀，用户可以在"病毒查杀"选项卡的信任区设置文件目录、文件扩展名白名单，防止误杀。扫描异常且被处理的文件已经在隔离区进行了安全备份，用户可以在隔离区将其彻底删除或恢复到处理前的状态。另外，对性质不确定的文件，用户可以在鉴定区查看加入"云安全计划"后上报的未知文件的鉴定结果。

3．更新授权

当防病毒软件授权即将到期或已到期时，用户可以通过更新授权功能更新软件的授权状态。如果没有购买授权文件，用户可以联系官方进行咨询。更新授权如图 3-17 所示。

图 3-17　更新授权

任务 5　网络保护

安全中心提供防火墙和应用程序联网功能来维护系统网络环境安全。单击首页的"网络保护"按钮，或选择左侧列表中的"网络保护"选项进入"网络保护"选项卡，如图 3-18 所示。

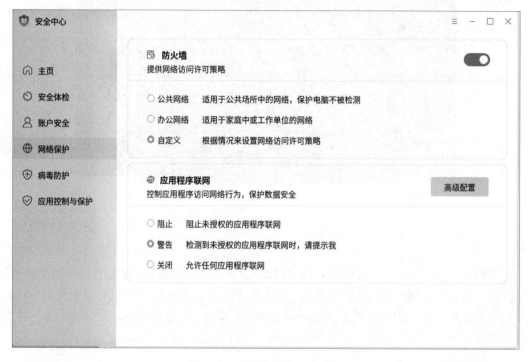

图 3-18　"网络保护"选项卡

1. 防火墙设置

防火墙用来设置外界应用程序连接本地操作系统时的限制策略，从而起到防护作用。系统提供公共网络、办公网络、自定义配置和关闭 4 种策略。系统默认使用麒麟防火墙。上述 4 种策略对网络的限制与默认状态如下。

- 公共网络：适用于公共场所中的网络，保护计算机不被检测。
- 办公网络：适用于家庭中或工作单位的网络。
- 自定义：根据情况来设置网络访问许可策略。
- 关闭：适用于可信环境的网络配置，允许所有网络连接，不进行任何限制。单击"防火墙"后面的按钮来关闭。

当防火墙使用自定义配置时，选中"自定义"单选按钮，即可弹出"防火墙自定义设置"对话框，如图 3-19 所示。

"服务"列表框中显示当前系统配置的防火墙服务。"管理服务需要访问的协议和端口"列表框中显示当前服务下配置管控的协议和端口。用户可以通过对应列表框下方的添加、删除、编辑功能按钮对"服务"列表框和"管理服务需要访问的协议和端口"列表框中的选项进行修改。如果需要新增设置，单击"服务"列表框下方的"+"按钮，弹出的对话框如图 3-20 的左侧部分所示，单击"管理服务需要访问的协议和端口"列表框下方的"+"按钮，弹出的对话框如图 3-20 的右侧部分所示，按提示进行设置即可。

图 3-19 "防火墙自定义设置"对话框

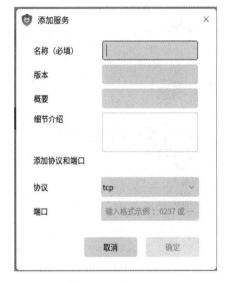
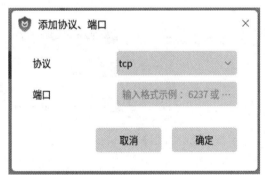

图 3-20 新增设置

2. 应用程序联网设置

应用程序联网控制应用程序和服务是否可以联网，有 3 种状态供用户选择。

- 阻止：阻止未授权的应用程序联网。
- 警告：检测到未授权的应用程序时，请提示我。
- 关闭：允许任何应用程序联网。

当选中"阻止"或"警告"单选按钮时，"高级配置"按钮可用，单击此按钮，可以打开"高级配置-应用联网控制"对话框，如图 3-21 所示。

图 3-21　"高级配置-应用联网控制"对话框

用户可以在"高级配置-应用联网控制"对话框中通过搜索框进行搜索，选中列表中的应用后，可以通过下拉列表选择应用的联网策略，如图 3-22 所示。

图 3-22　选择应用的联网策略

任务 6　应用控制与保护

　　安全中心提供应用控制与保护功能，可以对应用程序的来源、应用程序的执行控制及应用程序防护进行设置。其中，应用程序的来源、应用程序的执行控制有阻止、警告、关闭 3 种设置，分别对应应用程序在安装和运行时采取的安全策略。

　　应用程序防护可以提供进程防杀死和内核模块防卸载功能。进程防杀死功能，当用户把应用程序添加到"进程防杀死"列表框中时，系统将禁止该应用程序的进程被杀死，如图 3-23 所示。当发现列表中的某个进程退出状态异常或该进程主动退出时，即被进程保护，系统对该应用程序的进程状态进行监控，并对其进行防杀死控制。

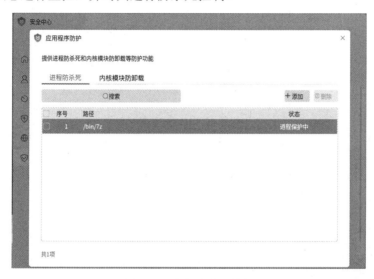

图 3-23　进程防杀死功能

　　单击"添加"按钮，弹出"选择需要保护的应用程序"对话框，选择需要保护的应用程序，如图 3-24 所示。

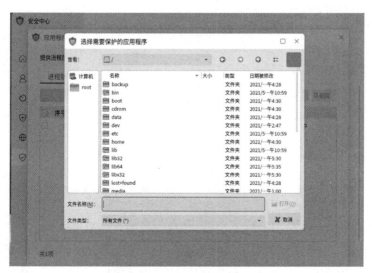

图 3-24　选择需要保护的应用程序

内核模块防卸载功能提供内核模块的文件保护，防止用户误删除使系统内核参数缺失，进而导致系统无法正常运行。用户可以单击想要进行保护的内核模块的防卸载按钮，如图3-25所示。

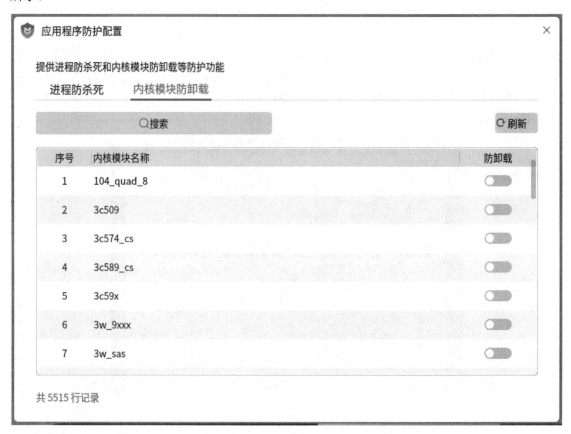

图3-25　内核模块防卸载功能

任务7　使用麒麟文件保护箱

麒麟文件保护箱是由麒麟安全团队开发的一款用户文件保护程序，界面简洁，旨在为用户提供便捷、安全的个人文件保护。文件保护箱通过隔离隐藏、加密保护的方式，实现用户私有数据的安全保护，系统已默认安装该软件。选择"UK"→"所有软件"→"文件保护箱"命令可以打开该软件。

1. 主界面功能

打开麒麟文件保护箱后，主界面可以以图标、列表两种方式显示保护箱目录，默认为图标视图。在图标视图下，鼠标指针悬停在 BOX 上，可以显示详细路径。列表视图支持查看 BOX 的详细信息，可以根据加密、共享情况及创建人进行筛选。如果需要切换查看方式，可以单击主界面右下方的图标按钮和列表按钮进行视图的切换。图标视图如图 3-26 所示，列表视图如图 3-27 所示。

图 3-26　麒麟文件保护箱-图标视图

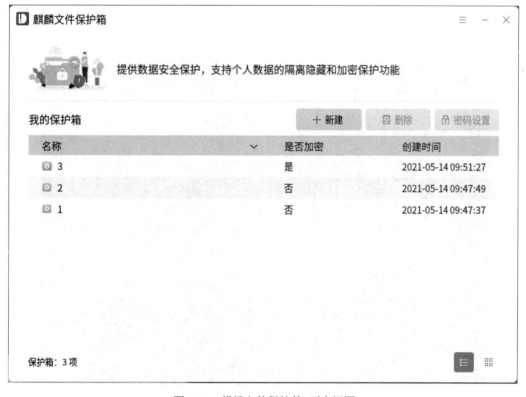

图 3-27　麒麟文件保护箱-列表视图

在桌面任务栏里可以切换窗口主题，包括深色主题和浅色主题，系统默认展示的是浅色主题，如图 3-28 所示。

图 3-28　浅色主题

单击桌面任务栏最右端的"夜间模式"按钮，进行浅色主题和深色主题切换，深色主题如图 3-29 所示。

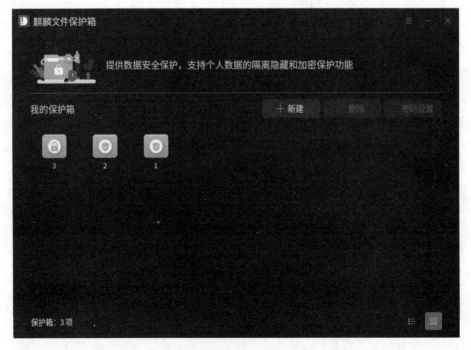

图 3-29　深色主题

单击窗口右上方的 ▤ 按钮，弹出的列表中有"帮助""关于""退出"3 个选项，选择"帮助"选项会弹出"用户手册"窗口，如图 3-30 所示。

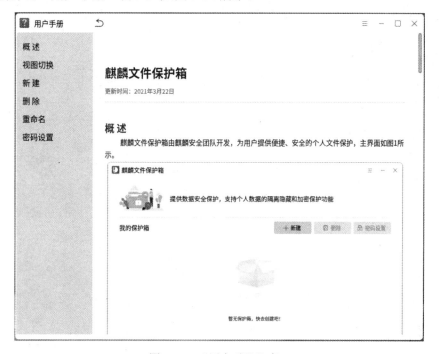

图 3-30　"用户手册"窗口

选择"关于"选项会弹出"关于"窗口，显示麒麟文件保护箱的版本、开发平台等信息。版本信息如图 3-31 所示。

图 3-31　版本信息

2．基本功能

麒麟文件保护箱提供对 BOX 的新建、删除、密码设置、重命名、解锁、锁定、打开等功能。用户可以通过功能按钮和快捷菜单进行相关操作。不同用户创建的 BOX 位于对应用户的家目录/box/目录下，用户可以在保护箱管理工具界面，双击对应图标，访问该 BOX 目录。BOX 中文件、目录的操作方法与普通文件、目录一致，都可以通过命令行终端或文件管理器进行操作。

（1）新建

用户可以单击"新建"按钮创建新的私有 BOX，弹出"新建保护箱"对话框，在对话框中输入 BOX 的名称，单击"确认"按钮即可，如图 3-32 所示。

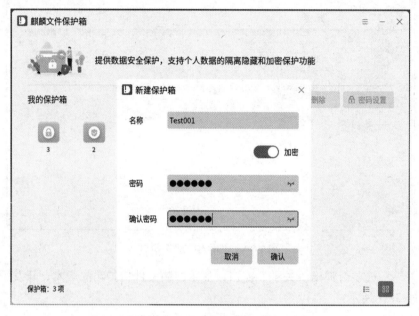

图 3-32　"新建保护箱"对话框

麒麟文件保护箱具有如下特性。
- 在新建 BOX 时，用户可以选择加密或不加密。
- 当新创建的 BOX 是加密状态时，仅用户自己可见，其他用户不可见。
- 不可以删除或重命名已解锁的 BOX，不可以进行密码设置，如果需要进行上述操作，需要先锁定 BOX。
- 不可以为未加密的 BOX 设置密码，如果需要进行上述操作，需要先新建密码。

麒麟文件保护箱界面的"我的保护箱"区域中使用不同的图标表示 BOX 的不同状态，如表 3-1 所示。

表 3-1　不同的图标表示的 BOX 的状态

序　号	图　标	状　态
1	abc	锁定
2	222	解锁

续表

序　号	图　标	状　态
3	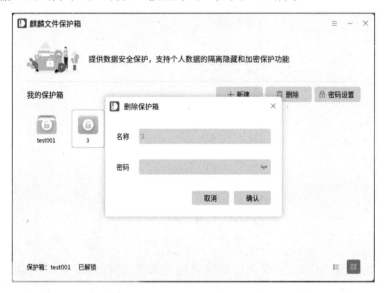 test001	未加密（仅隔离隐藏）

（2）删除

用户删除不需要且已锁定的 BOX 时，只需选中 BOX 后单击"删除"按钮，在"删除保护箱"对话框中输入密码并单击"确认"按钮即可，如图 3-33 所示。

图 3-33　删除已锁定的 BOX

已解锁的 BOX 默认无法删除，需要先在 BOX 上右击，在弹出的快捷菜单中选择"锁定"命令锁定 BOX，再单击"删除"按钮，如图 3-34 所示。

图 3-34　锁定 BOX 并删除

对于未加密的 BOX，只需选中 BOX 后单击"删除"按钮，或在 BOX 上右击，在弹出的快捷菜单中选择"删除"命令即可，如图 3-35 所示。

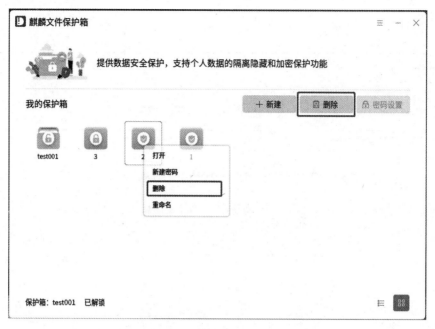

图 3-35　选择"删除"命令

（3）重命名

右击需要重命名的 BOX，在弹出的快捷菜单中选择"重命名"命令，输入新名称并单击"确认"按钮。加密 BOX 需要验证密码才可以重命名。已解锁状态的加密 BOX 不能重命名，需要锁定后继续操作。"重命名保护箱"对话框如图 3-36 所示。

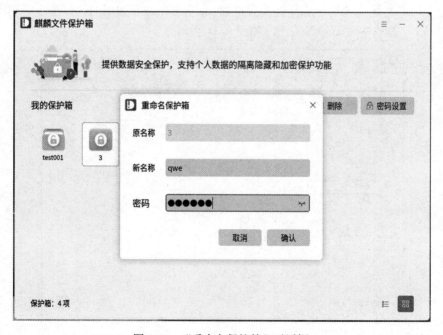

图 3-36　"重命名保护箱"对话框

　　右击需要重命名的 BOX，对于未加密的 BOX，在弹出的快捷菜单中选择"重命名"命令，在弹出的"重命名保护箱"对话框中输入新名称并单击"确认"按钮即可，如图 3-37 所示。

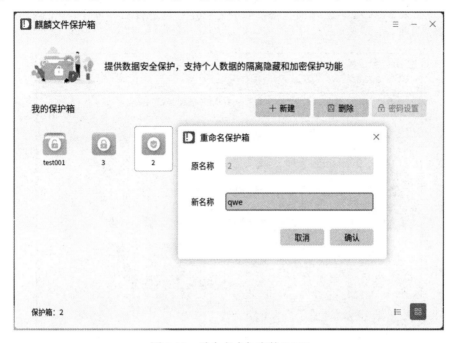

图 3-37　重命名未加密的 BOX

（4）新建密码

　　用户可以为未加密的 BOX 新建密码。选中未加密的 BOX 后右击，在弹出的快捷菜单中选择"新建密码"命令即可，如图 3-38 所示。

图 3-38　选择"新建密码"命令

（5）密码设置

用户可以为已锁定的 BOX 设置密码。选中已锁定的 BOX 后单击"密码设置"按钮即可进行密码设置。如果 BOX 处于已解锁状态，需要先锁定，再进行后续操作。"密码设置"对话框如图 3-39 所示。

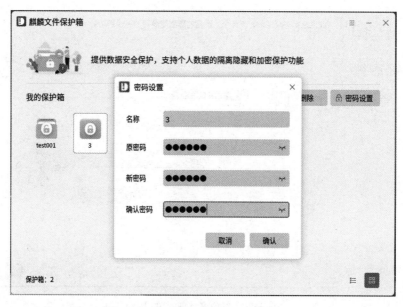

图 3-39　"密码设置"对话框

（6）解除密码

用户可以将已锁定的 BOX 的密码解除。选中已锁定的 BOX 后右击，在弹出的快捷菜单中选择"解除密码"命令，即可解除原有的密码设置，如图 3-40 所示。如果该 BOX 处于已解锁状态，需要先锁定，再进行后续操作。

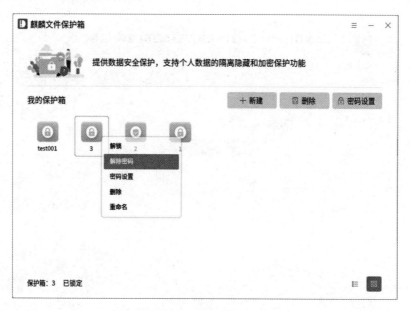

图 3-40　选择"解除密码"命令

（7）解锁

　　用户可以对已锁定的 BOX 进行解锁。选中已锁定的 BOX 后右击，在弹出的快捷菜单中选择"解锁"命令，即可解锁 BOX，如图 3-41 所示。如果 BOX 处于已解锁状态，需要先锁定，再进行后续操作。

图 3-41　选择"解锁"命令

（8）锁定

　　用户可以锁定已解锁的 BOX。选中已解锁的 BOX 后右击，在弹出的快捷菜单中选择"锁定"命令，即可锁定 BOX，如图 3-42 所示。

图 3-42　选择"锁定"命令

（9）打开

　　用户可以打开未加密的 BOX 和已解锁的 BOX。选中未加密的 BOX 或已解锁的 BOX 后右击，在弹出的快捷菜单中选择"打开"命令，即可打开目标 BOX 对应的文件目录，如图 3-43 所示。

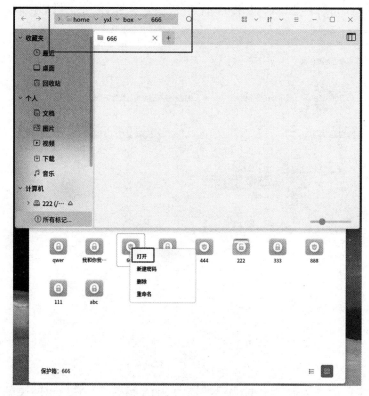

图 3-43　选择"打开"命令

3. 跟随系统语言

麒麟文件保护箱工具默认跟随系统语言，目前支持中文模式、英文模式。中文模式界面如图 3-44 所示，英文模式界面如图 3-45 所示。

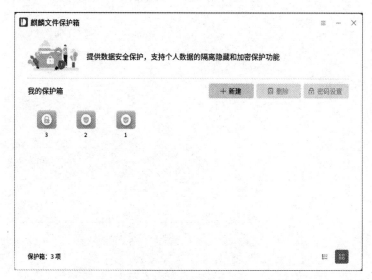

图 3-44　中文模式界面

图 3-45　英文模式界面

本章小结

本章主要介绍了银河麒麟操作系统中关于系统安全及保护的内容。通过对本章的学习，读者认识并掌握了银河麒麟操作系统的安全中心及文件保护箱的使用方法。有了这两个主要的安全工具，用户就能够在日常使用的过程中得心应手地处理各种与安全和保护相关的问题。安全是使用操作系统不可忽视的问题，具有十分重要的意义。

练习题

1. 系统安全指的是什么？
2. 为什么说操作系统的安全很重要？
3. 安全中心的主要功能有哪些？
4. 麒麟文件保护箱的主要作用是什么？

第4章

终端和命令操作基础

在之前的学习中，我们都是在 Linux 的图形用户界面上完成所有操作的。对大多数初学者或非专业用户而言，他们更喜欢图形用户界面。然而，大多数的 Linux 专业人士更喜欢使用终端环境，他们在终端环境中使用各种命令完成对系统的操作。Linux 的主要应用领域之一是服务器领域，在企业的服务器里安装的 Linux，绝大部分是没有图形用户界面的，这样非常安全，速度更快，系统也更稳定，所以掌握常用的 Linux 终端和命令操作是必要的。

任务 1   认识 X–Window System 和终端

1. 认识 X-Window System

其实，Linux 在早期并没有图形用户界面，随着 Linux 的不断发展，才出现了 GUI（图形用户界面）环境，如 GNOME、KDE 等。Linux 提供的 GUI 解决方案是 X-Window System。

X-Window System 是 1984 年由麻省理工学院（MIT）和 DEC 公司共同开发研究的，是运行在 UNIX 上的视窗系统。严格地说，X-Window System 并不是一个软件，而是一个协议，这个协议定义一个系统成品必须具备的功能（如同 TCP/IP、DECnet 或 IBM 的 SNA，这些也是协议，定义软件应具备的功能）。X-Window System 是一个非常复杂的图形化作业环境，我们可以将它分为 3 部分，分别是 X Server、X Client 和 X Protocol。X Server 主要负责处理输入/输出的信息，X Client 执行大部分应用程序的运算任务，X Protocol 是 X Server 和 X Client 的沟通管道。

（1）X Server

X Server 主要负责处理输入/输出的信息，并且维护字体、颜色等相关资源。它接收输入设备（如键盘、鼠标）的信息，将这些信息交给 X Client 处理，X Server 负责将 X Client 传来的信息输出到输出设备（如显示卡、荧幕）上。X Server 传给 X Client 的信息称为 Events（事件）。X Client 传给 X Server 的信息称为 Request（要求）。Events 主要包括键盘的输入和鼠标的移动、按下等动作，而 Request 主要是 X Client 要求对显示卡及屏幕的输出进行调整。

（2）X Client

X Client 主要负责应用程序的运算处理部分，它将 X Server 传来的 Events 先进行运算处理，再将结果以 Request 的方式要求 X Server 显示在屏幕上。在 X-Window System 的结构中，X Server 和 X Client 负责的部分是分开的，所以 X Client 和硬件无关，只和程序运算有关。这样有一个好处，例如在更换显示卡时，不需要重新编写 X Client。因为 X Server 和 X Client 是分开的，所以可以将两者分别安装在不同计算机上，这样就可以利用本地端的屏幕、键盘和鼠标来操作远端的 X Client。常见的 X Client 有 GDM、XTerm 等。

（3）X Protocol

X Protocol 是 X Server 与 X Client 之间通信的协议。X Protocol 支持现在常用的网络通信协议。例如测试 TCP/IP，可以看到 X Server 在 TCP 6000 端口上侦听。X Protocol 位于传输层以上，属于应用层。如果 X Server 和 X Client 在两台机器上，一般使用 TCP/IP 协议通信；如果在同一台机器上，则使用高效的操作系统内部通信协议。

（4）X Library、X Toolkit 和 Widget

开发程序大多会用到函数库。X-Window System 提供了 X Library（X Lib）。X Library 主要提供 X Protocol 的存取能力，X Server 只是根据 X Client 传给的 Request 显示画面，因此所有的图形用户界面都由 X Client 负责，没有必要每写一个应用程序都从头开发一个界面，所以有了图形用户界面库 X Toolkit 和 Widget。开发者可以使用 X Toolkit 和 Widget 来创建按钮、对话框、轴、窗口等视窗结构，可以容易地开发各种程序。

X-Window System 的工作方式和 Microsoft Windows 有着本质的不同。Microsoft Windows 的图形用户界面是和系统内核紧密相连的。而 X-Window System 不是，它实际上是在系统核心（Kernel）上面运行的一个应用程序。

X-Window System 的运行分为 4 层。底层的是 X Server（服务器），提供图形用户界面的驱动，为 X-Window System 提供服务。上面的一层是用于网络通信的网络协议，这部分使远程运行 X-Window System 成为可能，只需要在服务器上运行一个 X Server，客户机（Client）上运行更上一层的程序，就可以实现 X-Window System 的远程运行。再往上的一层是被称为 X Lib 的函数接口，介于基础系统和较高层应用程序之间，应用程序的实现是通过调用这一层的函数实现的。顶层就是窗口管理器了，也就是一般所说的 WM（Window Manager），这一层的软件是用户经常接触的，如 FVWM、AfterStep、Enlightment、Window Maker 等。

从上面的介绍来看，X-Window System 的运行是客户机/服务器（Client/Server）的模式，服务器用于显示客户机运行的应用程序，又被称为显示服务器（Display Server）。显示服务器位于硬件和客户机之间，它跟踪所有来自输入设备（如键盘、鼠标）的输入动作，经过处理后将其送回客户机。这样，用户可以在 Microsoft Windows 的机器上运行 X Client，截取并传送用户的输入，只将 X-Window System 的输出显示在用户的屏幕上。

2．认识终端

终端是所有 Linux 使用系统命令操作的媒介，在终端窗口输入系统指令可以达到与系统交互的目的。

打开"开始"菜单，在导航栏中选择"终端"命令，或在任意位置右击，在弹出的快捷菜单中选择"打开终端"命令，即可打开终端窗口，如图 4-1 所示。

根据当前用户权限的不同，用户可以在终端窗口中使用键盘直接输入相应的系统命令并按回车键，终端根据指令判断并输出相应提示，用户可以同时打开多个终端窗口进行操作。

终端窗口上显示的字符内容为"kylin@kylin-VMware-Virtual-Platform:~/桌面$"，各部分表示的内容如下。

- kylin：登录系统的用户名。
- kylin-VMware-Virtual-Platform：计算机名。

- ~/桌面：当前打开终端的路径。
- $：当前用户权限为普通用户。

图 4-1　终端窗口

终端窗口的菜单栏如表 4-1 所示。

表 4-1　终端窗口的菜单栏

菜　　单	命　　令	描　　述
文件	打开终端	打开新的终端窗口
	打开标签	在当前终端窗口打开新的选项卡
	新建配置文件	创建新的配置文件
	关闭选项卡	关闭当前标签
	关闭窗口	关闭终端
编辑	复制	复制内容
	粘贴	将复制的内容粘贴至光标处
	全选	选择终端窗口中的全部内容
	配置文件	查看配置文件列表，可以对配置文件进行管理
	键盘快捷键	配置是否启用所有菜单访问键、是否启用菜单快捷键，查看各个操作对应的快捷键
	配置文件首选项	管理终端相应的配置，包括通用设置、标题命令、颜色、背景、滚动条、兼容性设置
视图	显示菜单栏	是否显示顶部菜单
	全屏	是否全屏展示
	放大	放大终端窗口
	缩小	缩小终端窗口
	正常大小	将窗口恢复为原来大小
搜索	查找	按关键字进行检索
	查找下一个	检索下一条内容
	查找上一个	检索上一条内容

续表

菜　　单	命　　令	描　　述
终端	更改配置文件	切换为其他设定的配置文件
	设置标题	修改终端顶部标题文字
	设定字符编码	切换终端内容编码格式
	复位并清屏	恢复初始位置并清空终端内容
帮助	—	查看系统手册和软件说明

终端就是 Linux 中的 shell，也就是命令行环境。shell 是一个接收使用键盘输入的命令，并将其传递给操作系统来执行的程序。几乎所有的 Linux 发行版本都提供 shell，该程序来自一个称为 Bash 的 GNU 项目。Bash 是 Bourne Again Shell 的缩写，Bash 是 sh 的增强版本，而 sh 是最初的 UNIX shell 程序。

如果 Linux 没有安装图形用户界面（在服务器上往往不安装图形用户界面），Linux 启动后就会进入 shell，用户可以直接在 shell 中输入命令；如果 Linux 安装了图形用户界面，则需要启动一种被称为终端仿真器（Terminal Emulator）的程序来和 shell 进行交互。上面我们在银河麒麟操作系统桌面上启动的就是终端仿真器，我们通常称之为终端。

运行后的终端在不同的 Linux 发行版本中显示的提示符有所不同，但通常包括"username@machinename"，之后是当前工作目录和一个"$"。在 shell 提示符中可以获取一些信息，例如，登录系统后，看到的提示符为"user@localhost: ~$"，表示当前用户是 user，当前计算机名称为 localhost，当前的工作目录为"~"，在 Linux 中，"~"代表当前用户的主目录，"$"表示当前用户是一个普通用户，光标停在"$"之后，在光标处就可以输入命令了。

现在，尝试在终端中随意输入一些字符，比如输入"asdflkja"并按回车键，由于这个命令没有任何意义，所以会返回类似"Could not find command-not-found database. Run 'sudo apt update' to populate it."这样的信息，表示无法找到该命令。如果按上、下方向键，刚才输入的命令会出现在提示符的后面，这被称为命令历史记录。在默认情况下，大部分 Linux 发行版本能保存最近输入的 500 条命令。按左、右方向键可以在输入的信息中进行光标的定位，方便对输入命令的编辑。

3．几个简单的 shell 命令

（1）显示系统时间

在了解了键盘输入之后，我们来尝试几个简单的命令，比如 date 命令，该命令显示当前系统的时间和日期，如图 4-2 所示。

```
kylin@kylin-VMware-Virtual-Platform:~/桌面 $ date
2021年 12月 27日 星期一 23:31:27 CST
kylin@kylin-VMware-Virtual-Platform:~/桌面 $ ▉
```

图 4-2　data 命令

（2）显示日历信息

cal 命令显示系统当月的日历，如图 4-3 所示。cal 命令是英文单词 calendar 的缩写。在 Linux 中，很多命令采用缩写的方式以提高输入效率。Linux 命令众多，在记忆这些命令的时候，可以将缩写的命令还原成具体的英文单词和词组，方便记忆。

```
kylin@kylin-VMware-Virtual-Platform:~/桌面 $ cal
        十二月 2021
日  一  二  三  四  五  六
              1   2   3   4
 5   6   7   8   9  10  11
12  13  14  15  16  17  18
19  20  21  22  23  24  25
26  27  28  29  30  31
kylin@kylin-VMware-Virtual-Platform:~/桌面 $
```

图 4-3　cal 命令

（3）关闭终端

结束终端会话可以直接关闭终端窗口或在 shell 提示符下输入 exit 命令，或按组合键 Ctrl+D。

（4）关机

在终端环境中实现关机也很简单，执行关机命令：

```
kylin@kylin-VMware-Virtual-Platform:~/桌面$ shutdown - h now↓
```

执行该命令后，系统会马上关机。

（5）重启

在终端环境中，重启命令与关机命令很相似，执行重启命令：

```
kylin@kylin-VMware-Virtual-Platform:~/桌面$ shutdown - r now↓
```

执行该命令后，系统会马上重启，对比发现，重启命令和关机命令仅仅相差了一个字母。

（6）切换界面

安装了图形用户界面的麒麟系统会默认启动图形用户界面，选择相应的用户名，输入密码即可登录桌面环境。此时可以按组合键 Ctrl+Alt+F1 切换到虚拟控制台（终端），系统默认提供了 6 个虚拟控制台，每个虚拟控制台可以独立使用，互不影响，分别使用组合键 Ctrl+Alt+F1～Ctrl+Alt+F6 进行多个虚拟控制台之间的切换。

在虚拟控制台环境中按组合键 Ctrl+Alt+F7 可以切换回图形用户界面，前提是系统安装了图形用户界面，并且图形用户界面处于运行状态。如果系统没有安装图形用户界面，那么按组合键后会进入字符登录界面。此时在"login:"后输入用户名，按回车键，会提示输入 Password，在这里输入密码时是不会出现类似 Windows 操作系统中的"*"回显字符的，这也是从安全角度考虑的，直接输入密码并按回车键即可。

（7）注销

在终端环境中，注销也很简单，按组合键 Ctrl+D 就可以注销当前用户，注销后回到字符登录界面。也可以在字符界面的命令行里输入"logout"或"exit"并按回车键来注销。

（8）显示和设置主机名称

使用 hostname 命令可以查看和设置当前主机的名称，查看当前主机的名称可以执行以下命令：

```
kylin@kylin-VMware-Virtual-Platform:~/桌面$ hostname↓
kylin-VMware-Virtual-Platform
```

这个名称有些长，我们可以对此进行修改。仍然使用 hostname 命令，后面加上新的主机名称即可。因为要对系统信息进行修改，需要用到超级权限，所以使用 sudo 命令来获得临时的超级权限，命令如下：

```
kylin@kylin-VMware-Virtual-Platform:~/桌面$ sudo hostname kylinVM↓
```

修改后的终端提示符如下：

```
kylin@kylinVM:~/桌面$
```

（9）查看手册

Linux 的命令众多，用户几乎不可能完全掌握每个命令的使用细节。因此，为了方便用户随时查阅命令的详细信息，Linux 提供了命令手册，用户可以通过查阅命令手册，获取命令的信息。在终端中查阅命令手册的命令是 man（manual），命令格式为"man 要查看的命令的名称"。

例如，查看 date 命令的详细信息，命令如下：

```
kylin@kylinVM:~/桌面$ man date↓
```

date 命令的详细信息如图 4-4 所示。

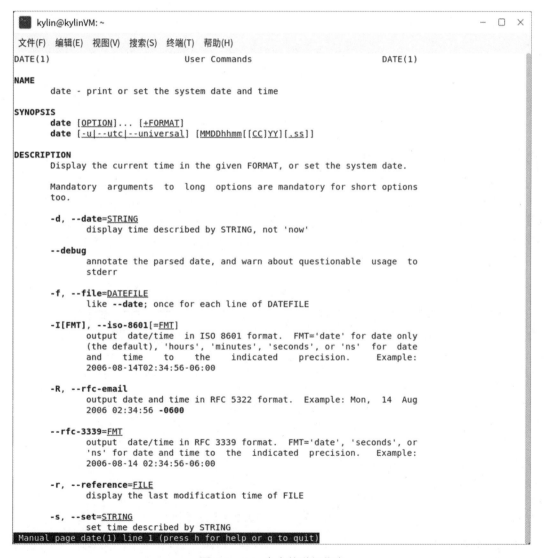

图 4-4　date 命令的详细信息

任务 2　认识命令格式

在 shell 命令提示符后，用户可以输入 shell 命令。shell 命令由命令名、选项和参数 3 部分组成。其基本格式如下，其中方括号部分表示可选。

```
命令名 [选项] [参数]↓
```

命令名是描述该命令功能的英文单词或词组的缩写，比如之前介绍过的 date 和 cal 命令。在 shell 命令中，命令名必不可少，并且总是放在整个命令行的开头。

选项是执行该命令的限定参数或功能参数。同一个命令采用不同的选项，其功能也各不相同。选项可以有一个，也可以有多个，还可以没有。选项通常以 "-" 开头，当同时使用多个选项时可以只使用一个 "-"，如 ls -l -a 和 ls -la 的功能相同。此外，部分选项以 "--" 开头，这时后面的选项通常是一个单词，如--help 可以查看帮助信息。还有少数命令的选项不需要 "-" 符号。

参数是执行该命令所必需的对象，如文件、目录等。根据命令的不同，参数可以有一个，也可以有多个，还可以没有。

"↓"表示回车键，每个命令必须以回车键结束，从而执行。比如，关机命令 shutdown -h now，其中 shutdown 是命令名，-h 是选项，now 是参数。简单的命令可以只有命令名，而复杂的命令可以包括多个选项和参数。命令名、选项和参数之间都必须用至少一个空格分隔。此外，Linux 还严格区分大小写，比如 date 和 DATE 是完全不同的两个命令。

任务 3　浏览 Linux 操作系统

与 Windows 操作系统相同，Linux 操作系统也是以分层目录结构来组织文件的。也就是说，Linux 操作系统的文件是在树形结构的目录中进行组织的。该树形目录结构包含文件和其他目录，文件系统的最高目录称为根目录，用 "/" 来表示。在根目录下存在若干子目录，子目录下又有子目录和文件，以此类推，如图 4-5 所示。

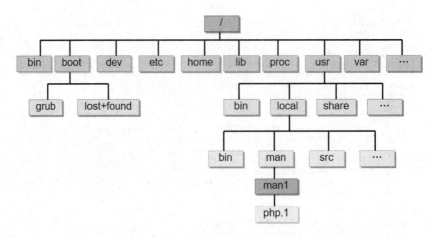

图 4-5　Linux 操作系统的树形目录结构

1．pwd 命令

启动 Linux 操作系统的终端，登录的用户不同，用户所处的工作目录也不同，用户可以使用 pwd 命令（print work directory）来显示当前工作目录：

```
kylin@kylinVM:~/桌面$ pwd↓
/home/kylin/桌面
```

用户登录后所处的目录又被称为主目录。在默认情况下，超级用户（root 用户）的主目录是/root，普通用户的主目录是/home 目录下的以用户名命名的目录。比如用户名为 user 的主目录为/home/user。对普通用户来说，主目录是唯一允许用户写文件的地方，而对 root 用户来说，可以在系统文件目录的任何位置写文件，包括系统文件，所以为了避免误操作破坏系统，不建议使用 root 用户登录系统，当需要使用超级权限对系统进行操作时再切换到 root 用户进行操作，操作完成后应马上切换回普通用户。

2. ls 命令

进入主目录后，用户可以使用 ls 命令（list）来查看主目录中的文件和子目录：

```
kylin@kylinVM:~/桌面$ ls↓
```

ls 命令是 Linux 操作系统中使用频率较高的命令，其功能也很强大。使用 ls 命令可以列出任何目录中的内容，可以确定各种重要文件和目录的属性。如果读者尝试使用 ls 命令，会发现返回的信息的颜色是蓝色的，在 Linux 操作系统中，蓝色表示目录，白色（或黑色）表示普通文件。除当前工作目录外，也可以使用 ls 命令显示指定目录的内容，如下所示：

```
kylin@kylinVM:~/桌面$ ls /home↓
kylin
```

还可以使用 ls 命令来指定多个目录，比如下面这个例子就指定了/home 目录和/usr 目录：

```
kylin@kylinVM:~/桌面$ ls /home /usr↓
/home:
kylin
/usr:
bin etc games include lib libexec local sbin share src tmp
```

也可以改变输出格式来显示更多细节：

```
kylin@kylinVM:~/桌面$ ls -l /usr↓
total 152
dr-xr-xr-x.    2    root  root  40960  Sep 1   10:42    bin
drwxr-xr-x.    2    root  root  4096   Sep 23  2011     etc
drwxr-xr-x.    2    root  root  4096   Sep 23  2011     games
drwxr-xr-x.   35    root  root  4096   Sep 1   09:35    include
dr-xr-xr-x.   130   root  root  57344  Sep 1   10:42    lib
drwxr-xr-x.   25    root  root  12288  Sep 1   10:42    libexec
drwxr-xr-x.   11    root  root  4096   Sep 1   09:32    local
dr-xr-xr-x.    2    root  root  12288  Sep 1   10:42    sbin
drwxr-xr-x.  223   root  root  4096   Sep 1   09:40    share
drwxr-xr-x.    4    root  root  4096   Sep 1   09:32    src
lrwxrwxrwx.    1    root  root  10     Sep 1   09:32    tmp -> ../var/tmp
```

ls 命令有大量可用选项，常用的选项如表 4-2 所示。

表 4-2　ls 命令常用的选项

选　项	长　选　项	含　义
-a	--all	列出文件下所有的文件，包括以 "." 开头的隐藏文件（隐藏文件是以 "." 开头的，如果存在 ".."，则代表存在父目录）
-l		列出文件的详细信息，如创建者、创建时间、文件的读写权限列表等

选 项	长 选 项	含 义
-d	-- directory	通常，如果指定一个目录，ls 命令会列出目录中的内容而不是目录本身，此选项与-l 选项结合使用，可以查看目录的详细信息，而不是目录中的内容
-F	-- classify	在每个文件的末尾加上一个字符来说明该文件的类型。"@"表示符号链接，"|"表示 FIFOs，"/"表示目录，"="表示套接字
-r	-- reverse	以相反的顺序显示结果，在默认情况下，ls 命令按字母升序排列显示结果
- S		按文件大小对结果排序
-t		按修改时间对结果排序

要注意，在 Linux 操作系统中，文件名是区分大小写的，FILE 和 file 是两个不同的文件。与 Windows 操作系统不同，Linux 操作系统没有文件扩展名的概念，文件的内容或用途由其他方式决定，尽管在系统层面没有文件扩展名的概念，但一些应用程序使用扩展名。Linux 操作系统支持长文件名，文件名可以包括空格和标点符号，但是不建议在文件名中使用空格，因为空格会给命令行操作带来麻烦，可以使用下画线代替空格。在 Linux 操作系统中可以使用长文件或目录名，最长不超过 255 个字符，可以给目录和文件设置任何名称，但必须遵循下列的规则：除"/"之外，所有字符都合法；有些字符最好不用，如空格符、制表符、退格符，以及"？"、"，"、"@"、"#"、"$"、"&"、"()"、"\"、"|"、";"、单引号、双引号、"<>"等；避免使用"+"、"-"或"."作为普通文件名的第一个字符；以"."开头的文件或目录是隐藏的。

3．cd 命令

使用 cd 命令（change directory）可以改变工作目录，在输入 cd 命令后输入目标工作目录的路径即可。路径分为绝对路径和相对路径两种。

绝对路径从根目录（/）开始，其后接着一个个的文件分支，直到到达目标目录或文件。例如，"/home/kylin/桌面"就是从根目录开始，经过其子目录 home，在 home 中还有一个子目录 kylin，在 kylin 中还有一个子目录"桌面"。如果想要将当前目录切换为根目录，可以执行如下命令：

```
kylin@kylinVM:~/桌面$ cd /↓
kylin@kylinVM:/$
```

相对路径和绝对路径不同，绝对路径是从根目录开始通向目标路径的，相对路径则是从当前工作目录开始的，为了实现这个目的，通常使用一些特殊符号来表示文件系统中的相对位置，这些特殊符号是"."和".."，其中，"."表示当前目录，".."表示当前工作目录的上一级目录，例如：

```
kylin@kylinVM:/$ cd /home/kylin/桌面↓
kylin@kylinVM:~/桌面$ pwd↓
/home/kylin/桌面
kylin@kylinVM:~/桌面$ cd .. ↓
kylin@kylinVM:~$ pwd↓
/home/kylin
```

可以看到，切换到"/home/kylin/桌面"后，执行 cd ..命令，当前目录回到了/home/kylin，这正是"/home/kylin/桌面"的上一级目录，也就是其父目录，而"/home/kylin/桌面"则称为/home/kylin 的子目录。

同样，可以使用两种方式将工作目录从/usr 切换到/usr/bin，使用绝对路径的方式如下：

```
kylin@kylinVM:/usr$ cd /usr/bin↓
kylin@kylinVM:/usr/bin$ pwd↓
```

```
/usr/bin
```

使用相对路径的方法如下：

```
kylin@kylinVM:/usr$ cd ./bin↓
kylin@kylinVM:/usr/bin$ pwd↓
/usr/bin
```

因为"."表示的是当前目录，所以 cd ./bin 这个命令也可以简写成 cd bin，这样写的命令与使用相对路径的命令有相同的效果。一般来说，如果命令后面没有指定路径名，则默认为当前目录。

考虑图 4-1 中的一种情况，如果当前的工作目录为/usr/bin，使用相对路径将当前工作目录切换到/usr/local，则需要使用如下方法输入命令：

```
kylin@kylinVM:/usr/bin$ cd ../local↓
kylin@kylinVM:/usr/local$ pwd↓
/usr/local
```

可见，如果当前工作目录在目录树中的位置较深，想要将当前工作目录切换为相邻目录时，使用相对路径写的字符要明显少于使用绝对路径写的字符，操作的效率更高。

cd 命令还有一些常用的快速切换目录的方法，如表 4-3 所示。

表 4-3　cd 命令常用的快速切换目录的方法

方　　法	作　　用
cd	将工作目录切换到当前登录系统的用户的主目录
cd -	将工作目录切换到先前的工作目录

使用 ls 命令和 cd 命令就可以完成对 Linux 操作系统的导航，了解系统中所有的目录和文件。在探索系统的过程中，除了可以使用 ls 命令看到文件的名称，还可以使用 file 命令查看文件的类型。Linux 操作系统中的文件是没有文件扩展名的，所以从名称上看是看不出来文件的类型的。例如，一个文件的名称是 image.jpg，但实际上它可能并不是一个图片文件。在桌面上创建一个文本文件并将其命名为 hello.txt，在其中输入若干字符后保存退出，使用 file 命令查看文件类型的方法如下：

```
kylin@kylinVM:~/桌面$ file hello.txt↓
hello.txt: ASCII text
```

可以看到，hello.txt 文件是一个文本文件，编码方式是 ASCII。

在使用 shell 进行操作时，常常需要输入大量的命令和操作对象，输入这些内容往往需要多次敲击键盘。shell 提供了一种名为自动补齐的机制来为用户提供极大的输入便利。在输入命令或文件名时，只需要输入前几个字母并按 Tab 键，shell 就会自动补齐剩下的内容。例如，当前目录中只有两个文件，test1.txt 和 text2.txt，在输入这两个文件名时，可以输入"te"后按 Tab 键，此时 shell 会自动补齐到"test"，后面的内容因为有两种可能，所以没有补齐，此时再输入"1"并按 Tab 键，shell 会自动补齐"test1.txt"。也就是说，需要补齐的内容在当前目录下一定要是确定的，如果有多种可能，就要输入新的内容以消除这种不确定性。

任务 4　查看文本文件的内容

前面介绍了几个在图形用户界面环境下查看和编辑文本的软件，这里介绍几个在终端环境下查看文本文件内容的命令。在 Linux 操作系统中，大量的系统配置文件都是以文本文件的形式存在的，阅读这些文件的内容有利于更好地理解系统的工作方式。此外，很多实用的脚本程序也是文本文件，后面会介绍如何编辑文本文件及如何编写脚本程序，这里只需要查看文本文件的内容即可。

使用 less 命令可以查看文本文件的内容，并且可以在查看时前后滚动文件内容。比如查看 /etc/LICENSE 文件的内容：

```
kylin@kylinVM:/etc$ less LICENSE ↓
-----BEGIN PGP SIGNED MESSAGE-----
Hash: SHA512

TO:
SERIAL:0098028
TERM:2022-10-31
CLASS:desktop
VERSION:Desktop
PLATFORM:x86_64
OSNAME:Kylin V10 SP1
-----BEGIN PGP SIGNATURE-----

iLMEAQEKAB0WIQRo4AgC83J2RWbOfUktGv64vpyo+wUCYQd1/wAKCRAtGv64vpyo
+50OA/96dIR4a3pmtb8TQTAjKplVbCkUWUwW9rmHMVqvLcQIt+KAY9a6J/SbSC2a
Vr921jH3W04SpNFjcipmYcXDxlDZcwDLSsb/rtXpMLowicZObAcaVpRjo/CYVsbL
zhBimjpLfPlEWrgTc6McxxQrbak8PcMJk5ubMSqtKA5/bZhxXA==
=RtiN
-----END PGP SIGNATURE-----
```

如果查看的文件内容在一页中显示不下，可以通过上、下方向键或 PageUp、PageDown 键上下翻页，查看文件内容后，按 Q 键退出 less 命令，回到终端。查看/etc/LICENSE 文件的内容可以发现，这是一个关于系统启动级别的配置文件，文件中以"#"开头的行都是注释，只有最后一行是配置内容，标识了系统启动的级别，注释给出了具体的解释。

less 命令是早期的 more 命令的替代品，less 命令的功能比 more 命令更强大。

在浏览文件系统的时候，不用担心将文件系统的布局弄乱。普通用户是不具有管理文件系统的权限的。当普通用户尝试删除或修改系统文件的内容时，都将收到一个拒绝信息。普通用户的权限只能查看而不能修改系统文件，连移动文件位置的权限都没有，只有系统管理员才可以修改系统文件，所以用户大可放心查看系统文件。

Linux 操作系统的文件系统目录很庞大，表 4-4 给出了根目录下部分子目录及其主要内容的说明。

表 4-4　根目录下部分子目录及其主要内容的说明

目　录　名	说　　明
/	根目录
/bin（binary）	存放普通用户可执行文件，系统中的任何用户都可以执行该目录中的命令
/sbin（super/system）	存放系统的管理命令，普通用户不能执行该目录中的命令
/home	普通用户的主目录，每个用户在该目录下都有一个与用户名相同的目录
/etc	存放系统配置和管理文件，这些文件都是文本文件
/boot	存放内核和系统启动程序
/usr（user）	该目录最庞大，存放应用程序及相关文件
/dev（device）	存放设备文件
/proc（process）	虚拟的目录，是系统内存的映射。用户可以直接访问这个目录来获取系统信息

续表

目 录 名	说 明
/var（variable）	存放系统中经常变化的文件，如日志文件、用户邮件文件等
/tmp（temp）	公用的临时文件存储点

Linux 操作系统中的目录远不止这些，多花费一些时间去浏览系统的目录结构和文件结构对熟练使用 Linux 操作系统大有帮助。

任务5 操作文件与目录

不管使用什么操作系统，对文件和目录的操作是必不可少的。常用的操作有复制、移动、重命名、删除、创建目录、创建链接等。在图形用户界面下完成这些操作确实比使用命令行方便很多，正是这个原因，图形用户界面越来越普及。那么，为什么还要使用命令行呢？原因之一是命令行有强大的功能和灵活的操作。虽然图形用户界面可以使一些操作简化，但是对于复杂的任务，使用命令行反而更容易实现。例如，将一个目录中的所有比目标目录中的同名文件更新时间晚的 html 文件复制到目标目录中，使用图形用户界面完成这个任务，需要先找出这些文件并打开目标目录，比较后再进行拖放操作，而使用命令行只需要一条简单的命令就可以完成。

1．创建目录

mkdir 命令（make directory）是用来创建目录的。对普通用户而言，只能在自己的主目录下创建目录，命令如下：

```
mkdir directory… ↓
```

这里，在参数后面带 3 个点号，表示该参数可以重复。例如，在用户的桌面目录中创建子目录 dir1，命令如下：

```
kylin@kylinVM:~/桌面$ mkdir dir1↓
kylin@kylinVM:~/桌面$ ls↓
dir1
```

一次创建多个目录只需要在 mkdir 后连着写出目录名，目录名之间要用空格间隔，连续创建 dir2、dir3、dir4 目录，命令如下：

```
kylin@kylinVM:~/桌面$ mkdir dir2 dir3 dir4↓
kylin@kylinVM:~/桌面$ ls↓
dir1 dir2 dir3 dir4
```

2．复制文件

cp 命令（copy）是用来复制文件和目录的，命令如下：

```
cp [选项]… 源文件或目录… 目标文件或目录↓
```

[选项]是可选的，也就是可以写也可以不写，不同的选项有不同的功能。使用 cp 命令可以将源文件或目录复制到目标文件或目录中，例如，将/etc/LICENSE 文件复制到刚刚创建的 dir1 目录中，命令如下：

```
kylin@kylinVM:~/桌面$ cp /etc/LICENSE  dir1↓
kylin@kylinVM:~/桌面$ cd dir1↓
kylin@kylinVM:~/桌面/dir1$ ls↓
LICENSE
```

也可以在复制的同时，给复制后的文件重命名，例如，将/etc/LICENSE 文件复制到刚刚创建的 dir2 目录中，并将其重命名为 myinit，命令如下：

```
kylin@kylinVM:~/桌面$ cp /etc/LICENSE  dir2/myinit↓
kylin@kylinVM:~/桌面$ cd dir2↓
kylin@kylinVM:~/桌面/dir2$ ls↓
myinit
```

还可以将多个文件或目录复制到一个目录中，例如，将 dir1 目录中的 LICENSE 文件和 dir2 目录中的 myinit 文件复制到 dir3 目录中，命令如下：

```
kylin@kylinVM:~/桌面$ cp dir1/LICENSE  dir2/myinit dir3↓
kylin@kylinVM:~/桌面$ cd dir3↓
kylin@kylinVM:~/桌面/dir3$ ls↓
LICENSE  myinit
```

cp 命令常用的选项如表 4-5 所示。

表 4-5　cp 命令常用的选项

选　　项	长　选　项	含　　义
-a	--archive	复制文件和目录及其属性，包括所有权和权限。通常来说，复制的文件具有用户操作的文件的默认属性
-f	--force	复制时，若目标目录中已存在目标文件，则删除已经存在的目标文件而不提示
-i	--interactive	和-f 选项相反，在覆盖目标文件之前将给出提示要求用户确认，回答 y 时目标文件将被覆盖，是交互式复制
-l	--link	不复制，只链接文件
-p	--preserve	除复制源文件的内容外，还将把其修改时间和访问权限也复制到新文件中
-r	--recursive	若源文件是目录文件，cp 命令将递归复制该目录下所有的子目录和文件，此时目标文件必须为一个目录名
-u	--update	当将文件从一个目录复制到另一个目录时，只会复制目标目录中不存在的文件或目标目录中相应文件的更新文件

需要说明的是，为防止用户在不经意的情况下使用 cp 命令破坏另一个文件，例如，如果用户指定的目标文件名已存在，使用 cp 命令复制文件后，这个文件就会被新文件覆盖，因此，建议用户在使用 cp 命令复制文件时，最好使用-i 选项。

3．移动文件和重命名文件

使用 mv 命令（move）可以执行文件的移动和重命名操作，具体的功能取决于如何使用该命令。mv 命令的使用方法和 cp 命令很相似，命令格式如下：

```
mv [选项]... 源文件或目录... 目标文件或目录↓
```

例如，将上例中 dir1 目录的 LICENSE 文件移动到 dir4 目录中，命令如下：

```
kylin@kylinVM:~/桌面/dir1$ mv LICENSE ../dir4↓
kylin@kylinVM:~/桌面/dir1$ ls↓
kylin@kylinVM:~/桌面/dir1$ cd ../dir4↓
kylin@kylinVM:~/桌面/dir4$ ls↓
LICENSE
```

可以看到，移动 LICENSE 文件后，原 dir1 目录空了，切换到 dir4 目录（这里使用相对路径指定目标目录），可以找到 LICENSE 文件。

也可以将多个文件从一个目录移动到另一个目录。例如，将 dir3 目录中的 LICENSE 文件和 myinit 文件移动到 dir1 目录中，命令如下：

```
kylin@kylinVM:~/桌面/dir3$ mv LICENSE myinit ../dir1↓
```

```
kylin@kylinVM:~/桌面/dir3$ ls↓
kylin@kylinVM:~/桌面/dir3$ cd ../dir1↓
kylin@kylinVM:~/桌面/dir1$ ls↓
LICENSE myinit
```

还可以在移动文件的同时重命名文件，例如，将 dir4 目录中的 LICENSE 文件移动到 dir3 目录中并重命名为 myinit2，命令如下：

```
kylin@kylinVM:~/桌面/dir4$ mv LICENSE ../dir3/myinit2↓
kylin@kylinVM:~/桌面/dir4$ ls↓
kylin@kylinVM:~/桌面/dir4$ cd ../dir3↓
kylin@kylinVM:~/桌面/dir3$ ls↓
myinit2
```

如果只想重命名文件而不移动文件的位置，可以直接使用 mv 命令后跟源文件名和目标文件名，相当于将文件从当前目录移动到当前目录，从而实现重命名的效果。例如，将 dir3 目录中的 myinit2 文件重命名为 myinit，命令如下：

```
kylin@kylinVM:~/桌面/dir3$ mv myinit2 myinit↓
kylin@kylinVM:~/桌面/dir3$ ls↓
myinit
```

mv 命令也有很多选项，并且很多选项和 cp 命令的作用是相同的，mv 命令常用的选项如表 4-6 所示。

表 4-6　mv 命令常用的选项

选　　项	长　选　项	含　　义
-f	--force	移动时，若目标目录中已存在目标文件，则覆盖已经存在的目标文件而不提示
-i	--interactive	移动时，若目标目录中已存在目标文件，则在覆盖目标文件之前将给出提示要求用户确认，是交互式移动
-u	--update	当将文件从一个目录复制到另一个目录时，只会复制那些目标目录中不存在的文件或目标目录中相应文件的更新文件
-v	--verbose	移动文件时显示移动信息

与使用 cp 命令一样，为防止用户在不经意的情况下使用 mv 命令破坏另一个文件，例如，用户指定的目标文件名已存在，使用 mv 命令移动文件后，这个文件被新文件覆盖，因此，建议用户在使用 mv 命令复制文件时，最好使用-i 选项。

4．删除文件或目录

使用 rm 命令（remove）可以删除文件或目录，命令格式如下：

```
rm [选项]... 文件名...↓
```

例如，删除 dir3 目录中的文件，命令如下：

```
kylin@kylinVM:~/桌面/dir3$ ls↓
myinit
kylin@kylinVM:~/桌面/dir3$ rm myinit↓
kylin@kylinVM:~/桌面/dir3$ ls↓
kylin@kylinVM:~/桌面/dir3$
```

使用 rm 命令可以一次性删除多个文件，方法是在 rm 命令后写出要删除的文件的名称，要注意文件的名称之间要使用空格间隔。

使用 rm 命令加上-r 选项可以递归删除一个目录和这个目录下的所有子目录及文件，例如，删除 dir2 目录及其子目录和文件，命令如下：

```
kylin@kylinVM:~/桌面$ rm -r dir2↓
```

```
kylin@kylinVM:~/桌面$ ls↓
dir1 dir3 dir4
```

要注意，一定要小心使用 rm 命令，因为 Linux 操作系统没有类似 Windows 操作系统的回收站机制，一旦使用 rm 命令删除了目录或文件，就彻底删除了，尤其是在 rm 命令和通配符一起使用的时候，要特别小心。比如下面这个例子，删除目录中的 html 文件，正确的命令如下：

```
rm *.html↓
```

如果不小心在*和.html 中间多输入了一个空格，rm 命令就会删除目录中的所有文件，并提示目录中不存在名为.html 的文件。一个比较好的方法是先使用 ls 命令代替 rm 命令，ls 命令会列出要删除的文件的名称，确认无误后，再按向上方向键切换回刚刚输入的 ls 命令，把 ls 修改为 rm。rm 命令常用的选项如表 4-7 所示。

表 4-7　rm 命令常用的选项

选　　项	长　选　项	含　　义
-f	--force	删除时，忽略不存在的文件并不提示用户确认
-i	--interactive	在删除文件或目录之前，提示用户确认
-r	--recursive	递归删除目录及该目录下的所有子目录和文件。在删除目录时必须指定该选项
-v	--verbose	删除文件时显示移动信息

5. 创建链接

ln 命令（link）可以用来创建硬链接和符号链接，命令格式如下：

```
ln [选项]... 目录文件名 链接名↓
```

在 Linux 操作系统中，链接有两种：硬链接和符号链接。硬链接是最初 UNIX 创建链接的方式，有一定的局限性，比如不能引用自身文件系统之外的文件，而且不能引用目录。现在符号链接使用得更多，符号链接克服了硬链接的多种局限，通过创建一个特殊类型的文件来起作用，该文件包含了指向引用文件或目录的文本指针。符号链接有点像 Windows 操作系统中的快捷方式，但符号链接的出现要早于 Windows 操作系统中的快捷方式。当要给一个文件创建符号链接时，需要在选项中指定-s 选项。

例如，给 dir1 目录中的 LICENSE 文件创建一个符号链接，命令如下：

```
kylin@kylinVM:~/桌面/dir1$ ln -s LICENSE linkLICENSE↓
kylin@kylinVM:~/桌面/dir1$ ls↓
LICENSE linkLICENSE myinit
```

可以发现，创建符号链接就是创建了一个新的文件。在实际操作中，ls 命令列出的新创建的链接文件的颜色是浅蓝色，如果这时使用 ls 命令的-l 选项，就可以看到这样的结果：

```
kylin@kylinVM:~/桌面/dir1$ ls -l↓
-rw-r--r--.    1 user user 884 Sep  6 13:44 LICENSE
lrwxrwxrwx.  1 user user  7 Sep 8 09:20 linkLICENSE -> LICENSE
-rw-r--r--.    1 user user 884 Sep  6 13:44 myinit
```

在显示的结果中可以看到，符号链接所在行最开头的字母是 l，表示这是一个符号链接，而普通文本文件最开头的字符是"-"。同时，在文件名的部分可以看到该符号链接是指向哪个文件的。

在使用符号链接时，如果在符号链接里写入一些数据，这些数据就会写入符号链接所引用的文件中，而删除符号链接只是删除了符号链接本身，它引用的文件不会被删除。如果在删除符号链接之前删除了其引用的文件，那么这个符号链接将成为一个坏链接，不再指向任何文件，此时，使用 ls 命令来查看，该符号链接的颜色会变成红色。在创建符号链接时，可以使用绝对路径来指定引用文件，也可以使用相对路径来指定引用文件。使用相对路径时，允许包含符号链接的目录被重命名或移动。

6. 通配符

在进行文件或目录操作的时候往往不是一次只操作单个文件或几个文件，对大批量的具有某种共同特征的文件进行操作也很常见。对大批量文件进行操作需要了解一个 shell 特性。shell 提供了一些特殊的字符来快速指定一组文件名，这些特殊的字符被称为通配符，通配符允许用户依据字符模式选择文件名。常用的通配符匹配规则如表 4-8 所示。

表 4-8　常用的通配符匹配规则

通　配　符	含　　义
*	代表任意多个字符（0 个到多个）
?	代表任意单个字符
[]	代表"["和"]"之间的某一个字符，比如[0-9]可以代表 0~9 之间的任意一个数字，[a-zA-Z]可以代表 a~z 和 A~Z 之间的任意一个字母，字母区分大小写
^或!	表示匹配结果取反，注意，这个通配符必须在[]中使用
{}	表示符合括号内包含的多个文件

下面举例说明通配符与文件操作命令配合使用的方法。

查看/etc 目录中所有以 conf 结尾的文件和目录，命令如下：

```
kylin@kylinVM:/etc$ ls *conf↓
asound.conf dnsmasq.conf  grub.conf init.conf ld.so.conf ltrace.conf ……
```

查看/bin 目录中以字母 l 开头，只包含两个字母的文件，命令如下：

```
kylin@kylinVM:/bin$  ls l?↓
ln  ls
```

查看/bin 目录中所有包含数字的文件，命令如下：

```
kylin@kylinVM:/bin$  ls *[0-9]*↓
iptables-xml-1.4.7 ping6 tracepath6 traceroute6
```

查看/bin 目录中所有不包含数字的文件，命令如下：

```
kylin@kylinVM:/bin$  ls *[^0-9]*↓
alsaunmute  chown  dbus-daemon  domainname  fgrep  gunzip  kill ……
```

也可以使用"ls *[!0-9]*↓"来达到同样的目的。

查看/etc 目录中以.conf 和.db 结尾的文件，命令如下：

```
kylin@kylinVM:/etc$ ls {*.conf,*.db}↓
aliases.db  cas.conf  gai.conf  idmapd.conf  ……
```

通配符可以和任意使用文件名为参数的命令一起使用，而不仅限于以上提到的命令。通配符使构建复杂的筛选标准筛选文件成为可能。

任务 6　掌握 I/O 重定向

上面介绍的很多命令在执行的时候会产生很多不同的结果，这些结果都会默认输出到屏幕上，例如 ls 命令，屏幕上将会显示它执行的结果和相关的错误信息。

在 Linux 操作系统中，有"一切都是文件"这样的说法。也就是说，像 ls 这样的命令实际上是把运行的结果输出到了一个被称为标准输出的特殊文件中，而在默认情况下，这个标准输出文件是链接到屏幕上的，而不会被保存在系统的磁盘上。

事实上，在启动 Linux 操作系统后，会默认打开 3 个文件描述符，分别是标准输入 standard input 0、标准输出 standard output 1、标准错误输出 error output 2。在默认情况下，标准输出和标准错误输出被链接到屏幕上，而标准输入被链接到键盘上。

任何一条 Linux 命令的执行都会是这样一个过程，如图 4-6 所示。

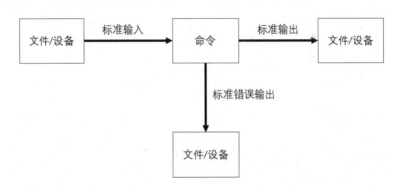

图 4-6　Linux 命令的执行过程

I/O 重定向功能可以改变输入内容的来源，也可以改变发送输出内容的目的地。一般情况下，输入的内容来自键盘，输出的内容发送到屏幕，但使用 I/O 重定向功能可以改变这一惯例。

1．标准输出重定向

使用重定向操作符"＞"可以重新定义标准输出内容发送到哪里。例如，将 ls -l 命令的执行结果重定向到一个文件中保存，而不是输出到屏幕上，命令如下：

```
kylin@kylinVM:~$ ls -l > redirection.txt
```

执行此命令不会像之前执行 ls -l 命令那样在屏幕上看到执行结果，这是因为执行结果被重定向到了 redirection.txt 文件中。在进行重定向时，如果目标文件不存在，则会创建该文件，在这里，系统创建了 redirection.txt 文件。此时，如果使用 ls 命令查看当前工作目录，会发现一个新的文件 redirection.txt 出现在工作目录中，使用 less 命令查看文件中的内容，会发现这个文件中的内容就是 ls -l 命令的执行结果。

现在再来执行一个输出重定向命令，命令如下：

```
kylin@kylinVM:~$ less /etc/LICENSE > redirection.txt
```

执行之后，再次查看 redirection.txt 文件的内容，会发现 redirection.txt 文件中刚才保存的 ls -l 命令的执行结果被新的内容取代了，这是因为在使用重定向符"＞"重定向标准输出时，目标文件会从文件开头部分写入，也就覆盖了原来文件中的内容。由于重定向的这个特性，在进行重定向时要小心，不要使用重定向符"＞"向重要的文件中输出内容，否则原文件的内容会丢失。同样，利用这个特性，可以快速清空一个文件中的内容，或者创建一个空文件，命令如下：

```
kylin@kylinVM:~$ > redirection.txt
```

重定向操作符"＞"前面不加任何内容，就可以将目标文件清空，如果目标文件不存在，则会创建该文件，并且文件中没有任何内容。

那么如何实现重定向时向一个文件中追加内容，而不是清空这个文件呢？可以使用重定向操作符"＞＞"来实现。比如向刚才的 redirection.txt 文件后追加 ls -l 命令的执行结果，又不覆盖 less /etc/LICENSE 命令的结果，命令如下：

```
kylin@kylinVM:~$ ls -l >> redirection.txt↓
```

　　使用重定向操作符 ">>" 可以将输出的内容添加到文件的尾部，如果目标文件不存在，那么执行结果和重定向操作符 ">" 相同。

2．标准错误输出重定向

　　现在尝试使用 ls 命令查看一个不存在的目录，并重定向到 redirection.txt 中，命令如下：

```
kylin@kylinVM:~$ ls /bin/abc > redirection.txt↓
ls: cannot access /bin/abc: No such file or directory
```

　　此时可以看到屏幕上出现了一行错误提示信息，查看 redirection.txt 文件，这个文件也是空的，这说明这行错误提示信息并没有重定向到目标文件中，而是显示在了屏幕上，原因是命令在执行的过程中并不会把错误信息发送到标准输出文件中，而是发送到标准错误输出文件中。标准输出重定向不会影响标准错误输出，所以标准错误输出依然链接到屏幕上。一个错误命令的执行结果在标准输出中是没有任何信息的，所以即使将标准输出重定向到 redirection.txt 文件中，这个文件中也没有任何信息。

　　如果想要将标准错误输出重定向到指定文件中，需要使用文件描述符。在图 4-6 中提到的标准输入、标准输出、标准错误输出这 3 个文件，在 shell 内部用文件描述符 0、1、2 来检索。shell 提供了使用文件描述符来重定向的方法，因为标准错误输出的文件描述符是 2，所以可以这样将标准错误输出重定向到指定文件中，命令如下：

```
kylin@kylinVM:~$ ls /bin/abc 2> redirection.txt↓
```

　　如果希望将标准输出与标准错误输出重定向到同一文件中，可以使用如下命令：

```
kylin@kylinVM:~$ ls /bin/abc &> redirection.txt↓
```

　　只使用一个标记 "&>" 就可以将标准输出与标准错误输出重定向到同一个文件中。

　　在很多时候，一些程序的执行过程中会输出大量的状态信息，这些状态信息在很多时候是没什么用的，此时可以把标准输出重定向到一个被称为/dev/null 的特殊文件中。这个文件是一个被称为位桶（Bit Bucket）的系统设备，它接受输入但不对输入进行任何处理。

3．标准输入重定向

　　标准输入重定向使用的并不是很多，在这里可以结合 cat 命令（concatenate files and print on the standard output）来了解标准输入重定向的机制。cat 命令可以读取一个或多个文件的内容，将它们连接在一起并输出到标准输出上。假设有两个文件 file1 和 file2，使用 cat 命令可以将这两个文件中的内容连接成一个完整的文件并重定向到一个新的文件中，命令如下：

```
kylin@kylinVM:~$ cat file1 file2 > file↓
```

　　如果 cat 命令没有参数，它将从标准输入读取内容，由于标准输入设备默认是键盘，所以此时 cat 命令在等待用户使用键盘输入内容。尝试输入一些内容后，结束输入可以按组合键 Ctrl+D，表示已经达到了标准输入的文件末尾。此时会看到刚刚输入的内容被输出到了屏幕上。这是因为在没有参数的情况下，cat 命令会把标准输入的内容复制到标准输出文件中，所以文本行的内容显示在了屏幕上，如下所示：

```
kylin@kylinVM:~$ cat↓
hello
hello
```

　　由此可见，cat 命令可以在标准输入设备（默认是键盘）上获得数据，因此可以将标准输入重定向到某个文件，以使 cat 命令从文件中获取数据，而不是从键盘上获取，命令如下：

```
kylin@kylinVM:~$ cat < file1.txt
```

执行该命令会在屏幕上显示 file1.txt 文件中的内容，原因是使用重定向符 "<" 将标准输入重定向为 file1.txt 文件。

任务 7 掌握管道技术

前面已经看到在执行 shell 命令的时候，结果会以文本的形式输出。如果这些数据需要经过几道手续之后才能得到我们想要的格式，应该如何来设置呢？这就涉及管道的问题了。使用管道技术可以将一个命令的标准输入传送到另一个命令的标准输入中。管道操作符为 "|"。例如，使用 less 命令来分页查看 ls 命令返回的结果，这就需要使用管道来连接这两个命令，命令如下：

```
kylin@kylinVM:~$ ls | less
```

如此一来，使用 ls 命令输出后的内容就能够被 less 命令读取，并且利用 less 命令的功能，我们就能够前后翻动相关的信息了。这个技术很实用，使用它可以查看任意标准输出命令的执行结果，尤其是在执行结果很长，屏幕不足以容纳全部内容的时候，可以利用 less 命令分页查看。但这个管道命令仅能处理从前面一个命令传来的正确信息，也就是标准输出的数据，对标准错误输出的数据并没有直接处理的能力。

在这个例子中，ls 命令执行后的标准输出并没有直接显示到屏幕上，而是作为标准输入传送给了下一条命令，也就是 less 命令。使用管道还可以将多个命令连接在一起，前一个命令的输出是后一个命令的输入，如图 4-7 所示。

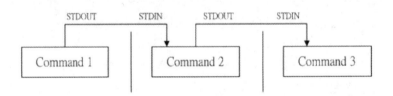

图 4-7 使用管道连接多个命令

这里需要注意，在每个管道后面接的第一个数据必定是命令，而且这个命令必须能够接受标准输出的数据，这样的命令才可以是管道命令。例如，less、more、head、tail 等都是可以接受标准输出的管道命令，而 ls、cp、mv 等就不是管道命令，因为 ls、cp、mv 并不会接受标准输出的数据。也就是说，管道命令有两个需要注意的地方：管道命令仅会处理标准输出的数据，忽略标准错误输出的数据；管道命令必须能够接受来自前一个命令的数据并使其成为标准输入数据。

本章小结

本章介绍了 Linux 操作系统中的命令格式，介绍了如何在 Linux 操作系统的文件系统中畅游并查看系统配置文件的内容，还介绍了常用的文件和目录操作命令。在 shell 中掌握操作文件和目录的命令，以及使用通配符是操作 Linux 操作系统的基础技能，而理解了重定向和管道技术会对以后的学习产生积极的作用。

练习题

1. 简述 Linux 操作系统的标准目录结构及其存放内容。

2. Linux 操作系统中的基本命令格式是什么？Linux 操作系统中经常使用的通配符有哪些？

3. 常用的文件和目录操作命令有哪些？各自的功能是什么？

4. 常用的信息显示命令有哪些？各自的功能是什么？

5. 打包和压缩有何不同？常用的打包和压缩命令有哪些？

6. 简述在 shell 中可以使用哪几种方法提高工作效率。

7. Linux 操作系统中的隐藏文件如何标识？如何显示？

8. 什么是重定向？什么是管道？

## 第5章

编辑文本

Linux 操作系统中有大量的以文本文件形式存在的配置文件，要想实现对 Linux 操作系统的控制，经常需要对文本文件进行编辑。vi 是 Linux/UNIX 下标配的一个纯字符界面的文本编辑器。所有的 Linux 操作系统都会内置 vi 文本编辑器，特别是在以 Linux 为操作系统的服务器上，这些服务器上运行的大多是没有图形用户界面的 Linux 操作系统。vim 可以视为 vi 的高级版本，目前使用更多的是 vim，很多软件的编辑接口会主动调用 vim，并且 vim 具有程序编辑的能力，可以主动以字体颜色辨别语法的正确性，方便程序设计。此外，vim 程序简单，编辑速度快。

任务 1　认识 vim

1976 年，加州大学伯克利分校的学生，之后成为 Sun 公司创始人之一的 Bill Joy 写出了 vi 的第一个版本。vi 就是 visual interface 的缩写，含义是能够在终端上使用移动光标进行编辑。在图形用户界面编辑器出现之前是行编辑器的天下，用户每次只能在一行文本上进行编辑。使用行编辑器的时候，用户需要告知编辑器是在哪一行进行操作，比如添加或删除。而视频终端的来临使全屏幕编辑成为可能。由于 vi 融合了强大的行编辑器 ex，vi 用户也可以使用行编辑的命令。大多数 Linux 发行版本配备的并不是真正的 vi，而是 Bram Moolenaar 编写的 vi 的加强版本 vim。vim 的功能非常丰富，具有代码补全、编译、错误跳转等功能，在程序员中被广泛使用。vim 的硬链接或别名指向 Linux 操作系统的 vi，也就是说，在 Linux 操作系统中启动 vi 的时候，实际上启动的是 vim。

在 shell 中直接输入 vim 并按回车键，就可以启动 vim。命令如下：

```
kylin@kylinVM:~$ vim↓
```

启动 vim 后的界面如图 5-1 所示。

退出 vim 的方法是输入 ":q"，其中 q（quit）表示退出，命令如下：

```
:q↓
```

注意，冒号是命令的一部分，如果 vim 提示不能退出，可能是因为编辑的文本文件没有保存，此时，如果想要退出 vim 可以在命令后加一个感叹号强制退出，强制退出将不保存修改的内容，命令如下：

```
:q!↓
```

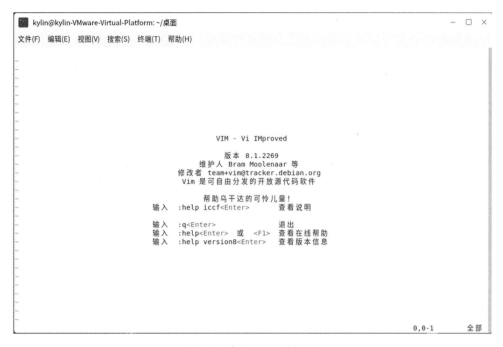

图 5-1　启动 vim 后的界面

任务 2　掌握 vim 的工作模式

用户在使用 vim 进行文本编辑的时候，一定要清楚的就是 vim 当前的工作模式。vim 和 Windows 操作系统下的默认文本编辑软件 Notepad 不同，vim 有 3 种基本工作模式：命令模式（command mode）、输入模式（insert mode）、末行模式（last line mode）。这 3 种模式有不同的功能。命令模式主要用来输入执行特定 vim 功能的命令，输入模式主要用来编辑文本内容，末行模式主要用来执行对文件的保存、退出等操作。3 种模式的关系及转换方式如图 5-2 所示。

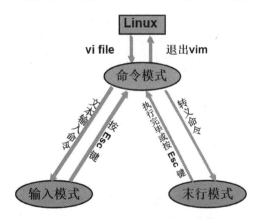

图 5-2　3 种模式的关系及转换方式

1．命令模式

启动 vim，并向其传递一个不存在的文件名，就可以通过 vim 创建一个文本文件，例如，在用户主目录下使用 vim 创建一个文本文件，命令如下：

```
kylin@kylinVM:~$ vim test1.txt↓
```

在 Linux 操作系统中，并不强制使用文件的扩展名。Linux 文件类型和 Linux 文件的文件名代表的是两个不同的概念，此处的.txt 只是让用户清楚这个文件是一个文本文件。vim 启动后的模式就是命令模式，命令模式界面如图 5-3 所示。

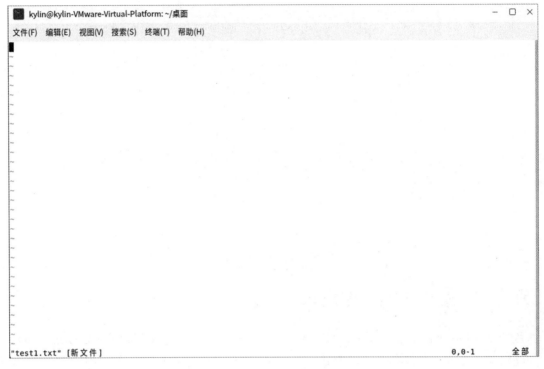

图 5-3　命令模式界面

此时，光标停留在第一行的最左端，每行开头的波浪线表示此行没有任何内容，也就是说，现在的 test1.txt 文件是一个空白的文件，最后一行中的 "test1.txt" 是文件名，方括号中的 "新文件" 表示这个文件还没有被保存过。此时先不要急着编辑文件，因为在命令模式下，几乎键盘上的每个按键都代表一个命令，此时，vim 等待编辑命令的输入而不是文本的输入，也就是说，这时输入的字母都将被作为编辑命令来解释。

2. 输入模式

在命令模式下，如果想要编辑文件，需要先切换到输入模式，切换的方法就是按键盘上的 i 键（insert）。之后，vim 的最后一行会出现 "--插入--" 字符，表示当前工作模式为输入模式，此时用户就可以进行输入操作了。从输入模式回到命令模式，只需要按 Esc 键。

3. 末行模式

在命令模式下，用户按 ":" 键就可以进入末行模式，此时 vim 会在最后一行显示一个冒号作为输入末行命令的提示符，等待用户输入命令。例如，保存刚才编辑的文本文件，可以在冒号后输入 "w"（write）并按回车键。此时，vim 的最后一行会出现如下信息：

```
"test1.txt" 2L, 6C 已写入
```

这说明 test1.txt 文件的内容为 2 行，6 个字符，"已写入" 表示保存成功。末行命令执行完成后，vim 会自动回到命令模式。如果在执行末行命令之前改变了主意，可以先将输入的所有

末行命令删除，再按 Esc 键回到命令模式。

以上 3 种模式是 vim 的基本工作模式，用户在使用时要时刻注意 vim 的模式，如果不确定当前的工作模式可以先按两次 Esc 键回到命令模式，再切换至其他模式。

任务 3　vim 的常用操作

1．显示行号

vim 是一个以文本行形式组织内容的软件，很多 vim 的操作是对行进行的操作。为了方便编辑，vim 可以设置显示每一行的行号，方法就是在末行模式下输入以下命令：

```
:set nu↓
```

nu 是 number 的前两个字母。取消显示行号的方法是在末行模式下输入以下命令：

```
:set nonu↓
```

可以认为 nonu 是 no number 的缩写。

2．移动光标

在命令模式或输入模式下，可以将光标移动到指定位置，移动光标的方法如表 5-1 所示。

表 5-1　移动光标的方法

按　　键	工作模式	功　　能
向左箭头键（←）	输入模式	将光标向左移动一个字符
向下箭头键（↓）	输入模式	将光标向下移动一个字符
向上箭头键（↑）	输入模式	将光标向上移动一个字符
向右箭头键（→）	输入模式	将光标向右移动一个字符
h	命令模式	将光标向左移动一个字符
j	命令模式	将光标向下移动一个字符
k	命令模式	将光标向上移动一个字符
l	命令模式	将光标向右移动一个字符
数字 0	命令模式	将光标移动至本行开头
Shift+6	命令模式	将光标移动至本行第一个非空字符
Shift+4	命令模式	将光标移动至本行末尾
Ctrl+f（Forward）	命令模式	下翻一页
Ctrl+b（Backward）	命令模式	上翻一页
Shift+g 或 G	命令模式	将光标移动至文件最后一行的行首
gg	命令模式	将光标移动至文件第一行的行首
ngg 或 nG 或 n+Shift+g 组合	命令模式	将光标移动至指定行的行首，n 表示指定行的行号，如 5gg，表示第 5 行

为什么 vim 使用 h、j、k、l 键来移动光标呢？因为在 vi 最早期的版本出现时，还不是所有的终端都有方向键。如果将右手放在键盘上，会发现 h、j、k、l 是排列在一起的，这样的设计使 vi 高手可以在手不离开键盘的情况下完成光标的移动。

如果想要多次移动光标，例如向下移动 5 行，可以使用 5j 或 5↓的组合按键，即在动作前加上想要进行的次数（数字）。

注意，命令模式下的字母是区分大小写的，也不要使用 Home 键、End 键、Page Up 键、Page Down 键来移动光标或翻页。

3．基本编辑

（1）插入

在编辑文本时，经常会在文本中插入一些新的内容，用户可以在输入模式下将光标移动到想插入的位置。用户除了按 i 键，还可以按 a 键（append）来向行尾追加文本。

为了方便用户操作，vim 提供了使光标移动到当前行的行尾并切换到输入模式的命令 A。注意，A 命令需要在命令模式下执行，执行后会进行输入模式。

插入文本的另一种方法就是在文本中插入一行，用户可以在命令模式下，按 o 键（小写）在光标所在行的下方插入一个空白行，也可以按 O 键（大写）在光标所在行的上方插入一个空白行。当然，类似的操作也可以在输入模式下使用回车键来完成，读者可以根据自己的习惯自行选择操作方式。

（2）删除

用户可以在输入模式下通过键盘上的 Backspace 键来完成简单的删除操作，也可以在命令模式下，按 x 键（小写）从光标处向后删除（相当于 Delete 键），或按 X 键（大写）从光标处向前删除（相当于 Backspace 键）。删除操作还有很多，命令模式下常用的删除方法如表 5-2 所示。

表 5-2　命令模式下常用的删除方法

按　键	功　能
x 或 X	x（小写）为向后删除一个字符（相当于 Delete 键），X（大写）为向前删除一个字符（相当于 Backspace 键）
nx	n 为数字，向后删除 n 个字符，例如，10x 表示删除 10 个字符
dw	删除当前单词
d0	删除当前字符到当前行的起始
d$	删除当前字符到当前行的末尾
dd	删除光标所在的一整行
ndd	n 为数字，删除当前行和其后的 n-1 行

在进行删除操作时，经常会出现误操作，vim 提供了撤销命令和重做命令，其中，撤销命令是在命令模式下，按 u 键（undo），而重做命令是按组合键 Ctrl+r（replace）或按"."键。

（3）剪切、复制、粘贴与合并行

d 命令（delete）不是删除文本，而是剪切文本，用户每次使用 d 命令后，都会将删除的内容复制到缓存，然后用户可以使用 p 命令（paste）将缓存的内容粘贴到指定的地方。与 d 命令类似，y 命令（copy）会复制文本，命令模式下常用的复制方法如表 5-3 所示。

表 5-3　命令模式下常用的复制方法

按　键	功　能
yy	复制当前行
nyy	n 为数字，复制当前行和其后的 n-1 行
yw	复制当前单词
y0	复制当前字符到当前行的起始
y$	复制当前字符到当前行的末尾

在命令模式下，使用 y 命令进行复制后，可以使用 p 命令（小写）将复制的内容粘贴到光标所在行的下面，也可以使用 P 命令（大写）将内容粘贴到光标所在行的上面。

在输入模式下，通过将光标移动到一行的起始位置并按 Backspace 键可以将此行和上一行合并，除此之外，还可以使用 J 命令（大写）将光标所在行及其后一行合并成一行（移动光标是小写的 j 命令）。

4．查找和替换

vim 提供了在一行或整个文件内根据搜索条件将光标移动至指定位置的方法，除此之外，vim 还可以进行文本替换，这些都是文本编辑软件中常用的功能。

（1）行内搜索

在命令模式下，使用 f 命令（find）可以在一行内进行一次从前向后的搜索，如果要进行一次在行内从后向前的搜索，则需要使用 F 命令。搜索会将光标移动到搜索到的指定字符处。例如，在命令模式下，输入"ft"就可以将光标从当前位置向后移动到第一次出现字符 t 的位置。在执行过一次行内搜索之后，只需要输入分号（;）就可以重复上一次的搜索。此搜索只能搜索单个字符或字母，功能有限。

（2）整个文件搜索

使用/命令可以完成对单词或短语的从前向后的搜索，在 vim 的命令模式下，输入"/"后，vim 的最后一行会出现一个/，在其后可以输入要搜索的单词或短语，按回车键就可以进行从前向后的对整个文件的搜索。光标会停在第一个包含被搜索内容的位置，使用 n 命令（next）可以向后重复此搜索，而使用 N 命令可以向前重复此搜索，搜索会在到达文件的最后位置时停止。

还可以使用? 命令完成对单词或短语的从后向前的搜索，此时操作的方法与/命令类似，不同之处在于，此时使用 n 命令（next）可以向前重复此搜索，而使用 N 命令可以向后重复此搜索，搜索会在到达文件的开始位置时停止。也就是说/命令与? 命令的搜索方向相反，而 n 命令与 N 命令在不同的搜索方向中功能也不同，但可以这样理解：n 命令始终与搜索的方向相同，而 N 命令与搜索的方向相反。

（3）搜索并替换

vim 可以在末行模式下执行在几行内或在整个文件内的搜索和替换操作，命令格式如下：

```
:%s/x/y/gc↓
```

其中，各个字符之间没有空格。在该命令中，各个字段的功能如表 5-4 所示。

表 5-4　搜索并替换命令中各个字段的功能

字　　段	功　　能
:	进入末行模式
%	确定本次操作的作用范围，%表示搜索的范围是整个文件，该字段还可以替换为"n,m"的形式，其中 n 表示搜索起始的行数，m 表示搜索截止的行数
s	指定具体操作，在这里是替换操作（substitution）
x	要搜索和替换的内容
y	要替换成的内容，即用 y 替换 x 的内容
g	g（global）表示对搜索到的每一行的每个实例都进行替换
c	c 表示在进行替换之前会请求用户确认，如果不写 c，那么将不会询问用户而直接进行替换

例如，有这样一个文本文件，内容如下：

```
This is an example of searching and replacing.
```

如果想将其中的"pl"替换为"PL"，命令如下：

```
:%s/pl/PL/g↓
```

执行后，文件内容将被替换为如下内容：

```
This is an examPLe of searching and rePLacing.
```

如果在刚才的命令最后加上 c，那么在替换之前光标会停在搜索的匹配处并在 vim 的最后一行显示如下内容：

```
replace with PL (y/n/a/q/l/^E/^Y)?
```

括号内的每个字符都表示一种可能的回答，字符的功能如表 5-5 所示。

表 5-5　vim 搜索替换确认信息中字符的功能

字　符	功　能
y	表示 yes，执行替换
n	表示 no，跳过此次替换
a	表示 all，执行此次替换和之后的所有替换
q	表示 quit，停止替换
l	表示 last，执行此次替换后退出替换
Ctrl+E	向下滚动文本，以查看替换处的上下文内容
Ctrl+Y	向上滚动文本，以查看替换处的上下文内容

5. 编辑多个文件

用户在编辑文本文件的时候，经常会遇到同时编辑多个文件的情况，常见的一种操作是将一个文件中的一部分内容复制到另一个文件中。通过 vim 打开多个文件的命令格式如下：

```
kylin@kylinVM:~$ vim test1.txt test2.txt test3.txt …↓
```

在刚才的 test1.txt 文件中，进入末行模式，先输入 "wq"（write&quit）来保存文件并退出。然后，使用 vim 创建一个新的文本文件 test2.txt，命令如下：

```
kylin@kylinVM:~$ vim test2.txt↓
```

在 test2.txt 文件中输入一些内容，保存并退出。现在，在主目录下，有两个文本文件 test1.txt 和 test2.txt。使用 vim 同时编辑这两个文件，命令如下：

```
kylin@kylinVM:~$ vim test1.txt test2.txt↓
```

vim 启动后，显示的是第一个文件即 test1.txt 文件。

（1）切换文件

使用 vim 打开多个文件时，需要在这些文件之间进行切换。可以进入末行模式，输入 "n"（next）切换到下一个文件，输入 "N" 切换回上一个文件。当用户从一个文件切换到另一个文件时，vim 要求用户必须对当前文件做出的修改进行保存，如果放弃保存并切换到另一个文件，可以在 n 后面加上一个感叹号。

如果同时打开的文件太多，那么在多个文件之间进行切换时，需要多次使用 n 命令，这会让操作变得很麻烦。为了解决这个问题，vim 提供了一些命令来让用户快速、方便地切换文件。用户可以在末行模式中使用 buffers 命令来查看当前正在编辑的文件列表，命令如下：

```
:buffers↓
  1 %a   "test1.txt"                line 68
  2 #    "test2.txt"                line 1
Press ENTER or type command to continue
```

可以看到，当前有两个文件，输入 ":buffer" 加文件的编号可以切换到另一个文件，例如，从 test1.txt 文件切换到 test2.txt 文件，命令如下：

```
:buffer 2↓
```

执行后，屏幕上显示的就是 test2.txt 文件的内容了，这样无论在多少个文件之间切换，最多使用两个命令就可以完成。

（2）载入新文件

vim 还可以在现有的编辑会话中载入新的文件，例如，在当前情况下载入 test3.txt 文件，可以在末行模式中使用 e 命令（edit）来实现，命令如下：

```
:e test3.txt↓
```

执行后 vim 会将 test3.txt 文件加载到编辑会话中来，如果 test3.txt 文件不存在，vim 会创建这个文件，在编辑完成后，保存文件即可。此时，使用 buffers 命令可以验证 test3.txt 文件是否加载成功。

（3）文件之间的内容复制

用户在编辑文件时，经常会将一个文件中的内容复制到另一个文件中。使用之前介绍过的复制、粘贴命令就可以完成相应操作。例如，将 test2.txt 文件的第一行内容复制到 test3.txt 文件中，操作如下。

在末行模式下，切换到 test2.txt 文件，命令如下：

```
:buffer 2↓
```

将光标移动至第一行，并在命令模式下使用 yy 命令复制第一行。在末行模式下，切换到 test3.txt 文件，命令如下：

```
:buffer 3↓
```

将光标移动到想要粘贴的行，在命令模式下使用 p 命令进行粘贴操作。

（4）插入整个文件

用户还可以使用 r 命令（read）将整个文件的内容插入正在编辑的文件，例如，将 test3.txt 文件的全部内容插入 test1.txt 文件的末尾，此时，并不需要 vim 打开或编辑 test3.txt 文件，只需要对 test1.txt 文件进行操作，操作如下。

使用 vim 打开 test1.txt 文件，命令如下：

```
kylin@kylinVM:~$ vim test1.txt↓
```

将光标移动至文件的末尾，在末行模式下输入以下命令：

```
:r test3.txt↓
```

r 命令会将指定文件的全部内容插入光标所在位置之后。

6. 保存

在完成对文本文件的编辑后，需要对编辑的内容进行保存，前面的内容已经介绍过，保存是在末行模式下执行 w 命令，除此之外，还有一些关于保存及退出的常用命令，如表 5-6 所示。

表 5-6　保存及退出的常用命令

命　令	工作模式	功　能
w	末行模式	将编辑的内存保存到文件中
w!	末行模式	当文件属性为只读时，强制写入该文件，但是否成功还取决于用户对该文件的权限，关于权限的内容会在后面介绍
q	末行模式	退出 vim，如果对文件内容进行了修改，则会提示文件没有保存
q!	末行模式	强行退出 vim，放弃保存

命　　令	工作模式	功　　能
wq	末行模式	保存修改并退出
ZZ（大写）	命令模式	若文件没有被修改，则不保存并退出，若文件已经被修改，则保存后退出
w [filename]	末行模式	将编辑的文件另存为 filename 文件
n1,n2 w [filename]	末行模式	将 n1 到 n2 的内容另存为 filename 文件

注意，在使用 w 命令进行另存为操作时，并不更改当前编辑的文件。另存为操作完成后，若用户继续编辑，编辑的还是原来的文件，而不是另存为的文件。

vim 的命令众多，在这里不能逐个解释，读者可以参考 vi/vim 键盘图自行验证。

任务 4　vim 环境设置

vim 提供了一些设置项，用户可以通过这些设置项对 vim 的环境进行修改。需要注意的是，vim 会将以前的行为记录下来，以方便操作。这些记录保存在~/.viminfo 文件中。vim 常用的环境设置命令如表 5-7 所示。

表 5-7　vim 常用的环境设置命令

命　　令	功　　能
:set nu	显示行号
:set nonu	取消显示行号
:set hlsearch	高亮度查找
:set nohlsearch	取消高亮度查找
:set backup	自动备份文件
:set ruler	开启右下角状态栏说明
:set showmode	显示左下角 INSERT 之类的状态栏
:set backspace={0,1,2}	设置退格键功能，为 2 时可以删除任意字符，为 0 或 1 时仅可以删除刚才输入的字符
:set all	显示目前所有的环境参数值
:set	显示与系统默认值不同的参数值
:syntax on/off	是否依据相关程序语法显示不同的颜色
:set bg=dark/light	是否显示不同的颜色色调

在末行模式中，对 vim 的设置只会在当次生效，关闭 vim 后设置失效。没有必要每次使用 vim 都重新设置一次各个参数值，用户可以通过 vim 的配置文件直接设置 vim 操作环境。vim 设置的参数值一般放在/etc/vimrc 文件中，但在一般情况下不要修改这个文件。用户可以修改 ~/.vimrc 文件，如果此文件不存在，可以手动创建，然后将设置的参数值写入这个文件，此后 vim 每次启动时，都会以该文件中的设置项进行环境设置。例如，使用 vim 打开~/.vimrc 文件，写入如下内容：

```
set hlsearch
set ruler
set showmode
set nu
syntax on
```

注意：set 前面也可以加冒号，结果相同。

任务 5　其他文本处理的常用命令

除了使用 vim 进行文本编辑，Linux 操作系统中还有一些与文本操作相关的常用命令，例如 wc、grep 等。

1. wc 命令

用户可以使用 wc 命令（word count）对文本文件中的行数、字数和字节数进行统计，命令格式如下：

```
wc [选项]... 文件名... ↓
```

例如，使用 wc 命令统计 test1.txt 文件中的行数、字数和字节数，命令如下：

```
kylin@kylinVM:~$ wc test1.txt ↓
1  7  32 test1.txt
```

结果说明，test1.txt 文件中有 1 行、7 个单词、32 字节的数据。用户也可以使用选项单独统计其中某一个或几个信息，wc 命令的常用选项及功能如表 5-8 所示。

表 5-8　wc 命令的常用选项及功能

选　　项	长　选　项	功　　能
-c	--bytes	显示字节数
-m	--chars	显示字符数
-l	--lines	显示行数
-w	--words	显示单词数

2. grep 命令

用户可以使用 grep 命令（global search regular expression and print out the line）在文件中查找匹配的文本。vim 也有相应的查找字符功能，但和 grep 命令的功能有所不同。grep 命令在文件中查找匹配文本时，可以打印出包含该文本的行，命令格式如下：

```
grep [选项] 匹配文本 文件名... ↓
```

例如，查找并打印出/etc/LICENSE 文件中包含"PGP"字符的行，命令如下：

```
kylin@kylinVM:~$ grep PGP /etc/LICENSE ↓
-----BEGIN PGP SIGNED MESSAGE-----
-----BEGIN PGP SIGNATURE-----
-----END PGP SIGNATURE-----
```

grep 命令常用的选项有-i 选项和-v 选项，-i 选项可以使 grep 命令在搜索时忽略大小写，而-v 选项可以使 grep 命令只输出和模式不匹配的行。

3. head 和 tail 命令

用户可以使用 less 命令查看文本文件的内容，但有的时候，并不需要输出所有的内容，只需要查看文本文件的前若干行或后若干行，这时候可以使用 head 命令和 tail 命令。从名称上就可以看出来，head 命令显示文本文件的开头几行，tail 命令显示文本文件的结尾几行。在默认情况下，这两个命令都只显示 10 行内容，但也可以使用-n 选项来调整显示的行数，这两个命令的使用方法基本上是一样的。例如，显示/etc/LICENSE 文件的后 5 行，命令如下：

```
kylin@kylinVM:~$ tail -n 5 /etc/LICENSE ↓
+5OOA/96dIR4a3pmtb8TQTAjKplVbCkUWUwW9rmHMVqvLcQIt+KAY9a6J/SbSC2a
Vr921jH3W04SpNFjcipmYcXDxlDZcwDLSsb/rtXpMLowicZObAcaVpRjo/CYVsbL
zhBimjpLfPlEWrgTc6McxxQrbak8PcMJk5ubMSqtKA5/bZhxXA==
```

```
=RtiN
-----END PGP SIGNATURE-----
```

此外，tail 命令还有一个-f 选项，使用该选项可以持续跟踪目标文件，如果目标文件添加了新的内容，新的内容会立即显示在屏幕上，该过程直至用户按组合键 Ctrl+C 为止。在 shell 中，组合键 Ctrl+C 不是复制操作的快捷键，而是停止当前操作的快捷键。

本章小结

本章介绍了在 Linux 操作系统中应用非常广泛的文本编辑软件 vim 的使用。用户在使用 vim 的时候，一定要注意当前的工作模式，掌握各模式间的转换方法，否则几乎无法使用 vim。此外，本章还介绍了 vim 的常用操作，包括移动光标、基本的编辑操作，以及常用的剪切、复制、删除、粘贴、搜索、替换等操作。vim 上的很多操作和 Windows 操作系统中文本编辑软件的操作习惯大相径庭，这也给 vim 的初学者造成了困难，想要熟练掌握 vim 就需要多加练习。

练习题

1. vim 的 3 种工作模式是什么？如何切换？
2. 在 vim 中，从编辑模式切换到命令模式需要按什么键？
3. 在 vim 中，末行模式下保存修改的命令是什么？
4. 在 vim 中，从命令模式切换到末行模式需要按什么键？
5. 在使用 vim 编辑文件时，将文件内容保存到 test.txt 文件中，应在命令模式下键入什么？

## 第6章

用户、组群及文件权限管理

Linux 是一个多用户、多任务的操作系统，可以供多个用户同时登录并使用，而且每个用户可以同时执行多个任务。作为 Linux 服务器的系统管理员，掌握其他用户和组群的创建及管理方法至关重要。组群为系统用户之间独立使用系统而不相互干扰提供保障。

任务 1　认识用户和组群

1. 用户

Linux 是一个多用户、多任务的操作系统，所有使用系统的用户必须先向系统管理员申请一个账户，然后使用这个账户进入系统。用户账户一方面能帮助系统管理员对使用系统的用户进行跟踪，并控制他们对系统资源的访问；另一方面也能帮助用户组织文件，并为用户提供安全性保护。每个用户账户拥有一个唯一的用户名和用户密码。用户在登录时输入正确的用户名和密码后，才能进入系统和自己的主目录。系统管理员也需要一个账户，这个账户就是在安装系统时创建的账户。

在 Linux 操作系统中，可以根据系统管理的需要将用户账户分为不同的类型，其拥有的权限、担任的角色也各不相同，主要包括超级用户、普通用户和系统用户。

超级用户又称为 root 用户，又叫根用户、管理员用户，拥有 Linux 操作系统绝对的管理权。普通用户由 root 用户创建并管理。root 是 Linux 操作系统中默认的超级用户账户，对本机拥有完全权限，类似于 Windows 操作系统中的 Administrator 用户。只有进行系统管理、维护任务时才建议使用 root 权限操作系统，处理日常事务建议使用普通用户账户。一些 Linux 发行版本，如 Red Hat，在安装过程中就可以设置 root 用户及密码，系统允许直接使用 root 账户登录，或者使用 su 命令切换到 root 用户身份。银河麒麟操作系统在默认安装时，并没有给 root 用户设置口令，也没有启用 root 账户，而是让在安装系统时设置的第一个用户通过 sudo 命令获得 root 用户的所有权限。在图形用户界面中进行系统配置管理操作时，会提示输入管理员密码进行授权，类似于 Windows 操作系统中的用户账户控制。

普通用户账户需要具有 root 权限的用户来创建，拥有的权限受到一定限制，一般只在用户自己的主目录中有完全权限。

系统用户是指在安装 Linux 操作系统及部分应用程序时，添加的一些特定的低权限用户账户，这些用户账户一般不允许登录系统，仅用于维持系统或某个程序的正常运行。

为什么会有系统用户呢？Linux 操作系统的大部分权限和安全管理依赖于对文件权限（读、写、执行）的管理，而用户是能够获取系统资源的权限的集合，文件权限的拥有者为用户，当应用程序需要访问、操作、拥有系统资源时，就通过用户来控制、实现，这些用户就是系统用户。

2. 组群

为了方便管理系统中的所有用户，Linux 操作系统引入了组群的概念，将所有用户划分为不同的组群，通过对组群的管理，实现对用户的集中管理。组群就是具有相同特征的用户的集合体，比如，有时需要让多个用户对某文件具有相同的访问权限，如查看、修改某文件，或者执行某个命令，这时系统管理员需要把拥有相同特征的用户定义到同一个组群中，通过修改文件的权限，让组群中的用户具有一定的操作权限，这样，该组群中的用户对该文件具有相同的权限，这是通过组群和修改文件的权限来实现的。

任务 2 添加新用户

用户账户的管理主要涉及用户账户的添加、修改和删除。添加用户账户就是在系统中创建一个新账户，然后为新账户分配 UID、组群、主目录和登录 shell 等资源。在图形用户界面或在 shell 中使用命令都可以创建普通用户。

1. 图形用户界面下添加新用户

选择"UK"→"设置"→"账户"→"账户信息"命令，可以打开账户信息界面，如图 6-1 所示。

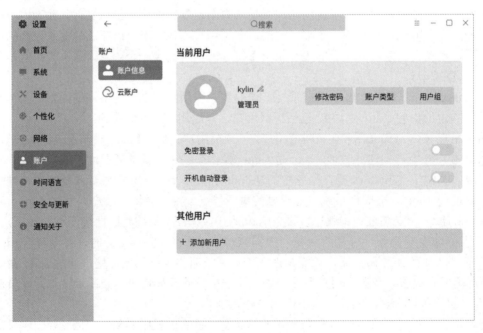

图 6-1 账户信息界面

单击"添加新用户"按钮，弹出"添加新用户"窗口，在窗口中输入要创建的用户名、密码，选择用户类型，如图 6-2 所示。这里可以创建的用户类型分为标准用户和管理员用户，其中，标准用户可以使用大多数软件，但是不能修改系统配置，而管理员用户可以修改任何系统配置，也可以安装和升级软件，之前我们使用的用户 kylin 是我们在安装系统时创建的用户，是管理员用户。单击"确定"按钮,弹出"授权"窗口,如图 6-3 所示。因为添加用户是对系统的更改,所以需要管理员权限,这里输入 kylin 用户的密码,注意,不是输入刚创建的用户的密码,单击"授权"按钮,完成创建。创建后,可以在"其他用户"列表中看到刚刚创建的用户信息,将鼠标指针移动到该用户上方,会出现"更改类型""更改密码""删除"按钮,如图 6-4 所示,单击相应的按钮可以对该用户对应的信息进行更改或删除。注销当前用户后,登录界面会出现新创建的用户,单击该用户并输入密码,就可以登录该用户的桌面,如图 6-5 所示。可以发现,新创建的用户桌面是一个全新的桌面环境,与 kylin 用户的桌面环境是不同的,这也体现了 Linux 操作系统是一个多用户的操作系统,不同的用户之间是独立的、互不干扰的。

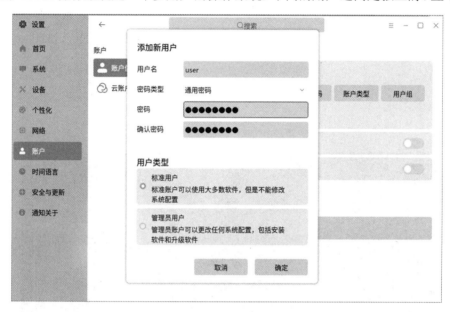

图 6-2 "添加新用户"窗口

图 6-3 "授权"窗口

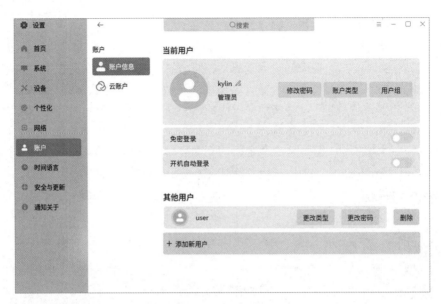

图 6-4　"更改类型""更改密码""删除"按钮

图 6-5　使用新创建的用户登录系统

2．使用命令添加新用户

（1）使用 adduser 命令添加新用户

除了在图形用户界面中添加新用户，也可以在终端中使用命令添加新用户，这需要有超级权限，普通用户是不能添加普通用户的。在一些 Linux 操作系统中获取超级权限可以使用 root 用户登录系统，完成操作后注销 root 用户并切换至普通用户，也可以在终端中使用 su 命令（substitute），并输入管理员用户密码临时获得超级权限。在银河麒麟操作系统中没有 root 用户，但是可以使用 sudo 命令临时获得超级权限。添加新的用户账户或更新默认的用户信息使用

adduser 命令，命令格式如下：

```
sudo adduser 用户名↓
```

例如，创建一个用户 tom，命令如下：

```
kylin@kylinVM:~$ sudo adduser tom↓
[sudo] kylin 的密码：
正在添加用户"tom"…
正在添加新组"tom" (1008)…
正在添加新用户"tom" (1008) 到组"tom"…
创建主目录"/home/tom"…
正在从"/etc/skel"复制文件…
新的密码：
重新输入新的密码：
passwd: 已成功更新密码
Changing the user information for tom
Enter the new value, or press ENTER for the default
  Full Name []:
  Room Number []:
  Work Phone []:
  Home Phone []:
  Other []:
这些信息是否正确？ [Y/n] y
```

在设置密码时，密码并不会显示出来，也不会显示"*"占位符，密码过短或过于简单会有警告提示。

（2）passwd 文件

在 Linux 操作系统中，用户信息保存在/etc/passwd 文件中，这是一个文本文件，是系统用来记录用户信息的配置文件，任何用户都可以查看其中的内容，所以使用 less 命令可以浏览该文件，命令如下：

```
kylin@kylinVM:~$ less /etc/passwd↓
root:x:0:0:root:/root:/bin/bash
bin:x:1:1:bin:/bin:/sbin/nologin
……
kylin:x:1000:1000:kylin:/home/kylin:/bin/bash
tom:x:1008:1008:,,,,:/home/tom:/bin/bash
```

可以看到，/etc/passwd 文件中的内容有很多，在这里只列出其中的部分内容。在 Linux 操作系统中，/etc/passwd 文件中的每一行记录表示一条用户信息。在文件开头的部分，包括超级用户 root 及各系统用户的账户信息，系统中新增加的用户账户信息将保存到 passwd 文件的末尾。passwd 文件的每一行内容包括 7 个用冒号分隔的配置字段，从左到右各配置字段的含义如下。

第一个字段：用户账户的名称。

第二个字段：经过加密的用户密码字串，显示为占位符"x"。

第三个字段：用户账户的 UID。

第四个字段：所属基本组群账户的 GID。

第五个字段：用户全名，可以填写与用户相关的说明信息。

第六个字段：用户主目录，即该用户登录后的默认工作目录。

第七个字段：登录 shell 等信息，用户完成登录后使用的 shell 程序。

用户可以使用 id 命令（identification）来查看自己的 UID 和 GID 等信息，命令如下：

```
kylin@kylinVM:~$ id↓
```

```
uid=1000(kylin) gid=1000(kylin) 组=1000(kylin),4(adm),24(cdrom),27(sudo),30(dip),46(plugdev),
119(lpadmin),129(sambashare
```

Linux 操作系统中的每个用户账户都有一个数字形式的身份标记，称为 UID，对系统核心来说，UID 是区分用户的基本依据，原则上每个用户的 UID 是唯一的。root 用户账户的 UID 为固定值 0，而系统用户账户的 UID 默认范围是 1～999，1000～60000 的 UID 默认分配给普通用户账户。

与 UID 相类似，每个组群账户也有一个数字形式的身份标记，称为 GID。root 组群账户的 GID 为固定值 0，而系统组群账户的 GID 默认范围是 1～999，1000～60000 的 UID 默认分配给普通组群账户。

（3）login.defs 文件

普通用户、组群账户使用的 UID、GID 范围定义在配置文件/etc/login.defs 中。查看/etc/login.defs 配置文件中定义的 UID、GID 范围，命令如下：

```
kylin@kylinVM:~$ less /etc/ login.defs↓
……
#
# Min/max values for automatic uid selection in useradd
#
UID_MIN                 1000
UID_MAX                 60000
# System accounts
#SYS_UID_MIN             100
#SYS_UID_MAX             999
#
# Min/max values for automatic gid selection in groupadd
#
GID_MIN                 1000
GID_MAX                 60000
# System accounts
#SYS_GID_MIN             100
#SYS_GID_MAX             999
#
……
```

（4）shadow 文件

基于系统运行和管理需要，所有用户都可以查看 passwd 文件的内容，但只有 root 用户才能对 passwd 文件的内容进行修改。在早期的 UNIX 操作系统中，用户账户的密码信息也是保存在 passwd 文件中的，不法用户可以获取密码字符串进行暴力破解，这样一来账户安全就存在一定的隐患。因此后来将密码转存到/etc/shadow 文件中，而 passwd 文件中仅保留密码占位符"x"。

shadow 文件中保存着各用户账户的密码信息，因此，对 shadow 文件的访问应该进行严格的限制。在默认情况下，只有具有超级权限的用户才能读取文件中的内容，而不允许直接修改该文件中的内容。使用 sudo 命令配合 less 命令可以查看 shadow 文件的内容，命令如下：

```
kylin@kylinVM:~$ sudo less /etc/shadow↓
```

可以发现，在最后一行 tom 账户的信息中出现以下内容：

```
tom:$6$o9rG1wv6$/QtlM1WXOk21z1fVWQo83HN/iOCRtpLduedEqsEgEqpdUZz.tTIQGB3PsGcBUHdVCWvzO0X2
HfHozm4h9L/Gv/:17062:0:99999:7:::
```

可以看到，第二个字段的内容是一个比较长的字符串，这说明密码设置成功。为了安全，Linux 操作系统将用户真实的密码采用加密算法加密后，保存在/etc/shadow 配置文件中，所以这里看到的第二个字段的内容是加密后的密码内容，只有系统管理员或拥有超级用户权限的用户才能看到。加密算法具有单向性，即便看到了加密后的密码信息，也很难推算出原始的密码信息，因此大大提高了系统的安全性。

shadow 文件的每一行内容中，包含了 9 个用"："分隔的配置字段，从左到右各配置字段的含义如下。

第一个字段：用户账户的名称。

第二个字段：加密的密码字符串信息，当为"*"或"!!"时表示此用户不能登录系统。如果该字段内容为空，则该用户无须密码即可登录系统。

第三个字段：上次修改密码的时间，表示从 1970 年 1 月 1 日起到最近一次修改密码间隔的天数。

第四个字段：密码的最短有效天数，自本次修改密码后，必须至少经过该天数才能再次修改密码，默认值为 0，表示不进行限制。

第五个字段：密码的最长有效天数，自本次修改密码后，经过该天数以后必须再次修改密码，默认值为 99999，表示不进行限制。

第六个字段：提前多少天警告用户密码将过期，默认值为 7。

第七个字段：在密码过期之后的多少天内禁用此用户。

第八个字段：账户失效时间，此字段指定了用户作废的天数（从 1970 年 1 月 1 日起计算），默认值为空，表示账户永久可用。

第九个字段：保留字段，目前没有特定用途。

（5）使用 adduser 命令定制用户信息

使用 adduser 命令可以依据执行命令时的选项或系统/etc/adduser.conf 配置文件中的信息向系统添加用户或组群。这个命令比早期的 useradd、groupadd、usermod 等命令更友好。

如果在使用 adduser 命令时，没有任何选项和参数设置，也没有使用--system 或--group 选项，adduser 命令会添加一个普通用户，和上面我们添加 tom 用户时一样。在添加系统用户时，--system 选项不能和选项参数同时使用（如--help、--debug 等），否则无法添加系统用户。如果系统 UID 范围中已存在同名用户，或者在命令中指定了 UID 但具有该 UID 的用户已存在，adduser 将退出并发出警告。

在使用 adduser 命令添加用户的时候可以通过选项为新账户分配 UID、组群、主目录和登录 shell 等资源，adduser 命令的常用选项如表 6-1 所示。

表 6-1　adduser 命令的常用选项

选　项	含　义
--home DIR	使用 DIR 作为用户的主目录，而不是配置文件指定的默认目录。如果目录不存在，将创建该目录并复制框架文件
--shell SHELL	指定用户登录时默认的 shell
--system	指定是否添加管理员用户，不带此选项为普通用户
--gid ID	指定用户所属的组群
--uid ID	指定用户的 UID，如果指定的 UID 已被占用，则执行失败

例如，创建名为 sam 的用户账户，将其 UID 指定为 1009，其主目录指定为/home/usersam，并设置其登录 shell 为/bin/bash，命令如下：

```
kylin@kylinVM:~$ sudo adduser --uid 1009 --home /home/usersam --shell /bin/bash sam ↵
```

```
正在添加用户"sam"...
正在添加新组"sam" (1009)...
正在添加新用户"sam" (1009) 到组"sam"...
创建主目录"/home/usersam"...
正在从"/etc/skel"复制文件...
新的密码:
重新输入新的密码:
passwd: 已成功更新密码
Changing the user information for sam
Enter the new value, or press ENTER for the default
  Full Name []: usersam
  Room Number []:
  Work Phone []:
  Home Phone []:
  Other []:
这些信息是否正确? [Y/n] y
```

查看/etc/passwd 文件的内容可以发现，最后一行增加了如下内容：

```
sam:x:1009:1009:usersam,,,:/home/usersam:/bin/bash
```

查看/etc/shadow 文件的内容可以发现，最后一行增加了如下内容：

```
sam:$6$6Vm.Xw1tv5SF8s15$zoJSCQs4CdqcdrkA540eDGtxBtKYv/hq/sFqg7CFOTN8Wx54ly3PyrF26gfRfc0K
VfY9uM5VmqW.eErtZPccd.:18989:0:99999:7:::
```

（6）passwd 命令

管理员用户可以使用 passwd 命令指定账户名称，对指定账户的密码进行管理。用户账户具有可用的登录密码后，就可以从字符终端登录了。虽然具有 root 权限的用户可以以用户名为参数，指定账户并对指定账户的密码进行管理，但是普通用户只能执行单独的 passwd 命令修改自己的密码。普通用户在设置自己的密码时，密码要有一定的复杂性，否则系统可能拒绝设置。

例如，管理员为刚刚添加的 sam 用户修改密码，命令如下：

```
kylin@kylinVM:~$ sudo passwd sam↓
[sudo] kylin 的密码:
新的密码:
重新输入新的密码:
passwd: 已成功更新密码
```

在输入两次密码后，设置完成。

除了管理员可以为普通用户修改密码，普通用户也可以使用 passwd 命令对自己的登录密码进行修改。与管理员不同，普通用户在修改密码时，需要先输入原来的密码。例如，sam 用户要修改自己的登录密码，命令如下：

```
sam@kylinVM:~$ passwd↓
tom@kylin-VMware-Virtual-Platform:~/桌面$ passwd
为 tom 更改密码
当前密码:
新的密码:
重新输入新的密码:
passwd: 已成功更新密码
```

如果密码过短或过于简单，系统会给出提示，要求重新输入，如果忽略提示信息将设置失败。建议密码由字母、数字、符号混合而成，不要有英文单词，且长度不少于 8 位。

除了设置密码，passwd 命令还可以对用户的密码进行管理，使用不同的选项可以实现不同的功能，passwd 命令的常用选项如表 6-2 所示。

表 6-2　passwd 命令的常用选项

选　　项	助记单词	含　　义
-d	delete	快速删除用户密码，删除后，用户可以不输入密码而登录系统，只有管理员有此权限
-l	lock	锁定用户账户，只有管理员有此权限
-u	unlock	解锁用户账户，只有管理员有此权限
-S	Status	输出用户密码状态，只有管理员有此权限
-e	expire	使用户密码过期，在下次登录系统时，强制用户修改密码，只有管理员有此权限

例如，查看 sam 用户的密码状态，命令如下：

```
kylin@kylinVM:~$ sudo passwd -S sam↓
[sudo] kylin 的密码：
sam P 12/28/2021 0 99999 7 -1
```

第一个字段显示的是用户名，第二个字段显示的是密码状态（P=密码设置，L=密码锁定，NP=无密码），第三个字段显示了上次修改密码的时间，后面四个字段分别显示了更改密码的最小期限、最大期限、警告期限和没有使用该密码的时长。

将 sam 用户的密码锁定，命令如下：

```
kylin@kylinVM:~$ sudo passwd -l sam↓
passwd: 密码过期信息已更改
```

锁定后，再次使用 sam 用户登录系统会提示"登录错误"，sam 用户无法登录系统。此时再次查看 sam 的用户密码状态，命令如下：

```
kylin@kylinVM:~$ sudo passwd -S sam↓
sam L 12/28/2021 0 99999 7 -1
```

解除对 sam 用户的密码锁定，命令如下：

```
kylin@kylinVM:~$ sudo passwd -u sam↓
passwd: 密码过期信息已更改
```

解锁后，sam 用户就可以登录系统了。

删除 sam 用户的密码，命令如下：

```
kylin@kylinVM:~$ sudo passwd -d sam↓
passwd: 密码过期信息已更改
```

删除后查看 sam 用户的密码状态，命令如下：

```
kylin@kylinVM:~$ sudo passwd -S sam↓
sam NP 12/28/2021 0 99999 7 -1
```

如果要求 sam 用户在下次登录系统时修改密码，则可以使用-e 选项，命令如下：

```
kylin@kylinVM:~$ sudo passwd -e sam↓
passwd: 密码过期信息已更改
```

此后，将 sam 用户注销，重新登录系统，会在 shell 中看到如下信息：

```
You are required to change your password immediately (administrator enforced)
New password:
Retype new password:
```

sam 用户必须修改密码才能重新登录系统。

任务 3　管理用户

除了任务 2 中介绍的 adduser 命令和 passwd 命令，还有几个常用的命令用于管理系统的用户。例如，对于系统中已经存在的用户账户，可以使用 usermod 命令（user modify）重新设置各种属性,使用 usermod 命令同样需要指定账户名称。当不再使用系统中的某个账户时,可以使用 userdel 命令(user delete)将该账户删除,使用该命令也需要指定账户名称,使用-r 选项可以将该账户的主目录一并删除,usermod 命令只有管理员可以使用。

一些命令普通用户不能使用,只有管理员可以使用,用户可以使用 which 命令查看要调用的命令的全路径信息。例如,查看 usermod 命令的全路径信息,命令如下:

```
kylin@localhost ~$ which usermod↓
/usr/sbin/usermod
```

查看 passwd 命令的全路径信息,命令如下:

```
kylin@localhost ~$ which passwd↓
/usr/bin/passwd
```

观察发现,同样是与管理用户相关的命令,所在的路径却不同。/usr/sbin 路径下的命令一般需要超级权限才能执行,而/usr/bin 路径下的命令只需要普通权限就可以执行。从路径名上看,可以认为 sbin 是 super bin 或 system bin 的意思,也就是需要超级权限。

usermod 命令的常用选项如表 6-3 所示。

表 6-3　usermod 命令的常用选项

选　　项	长　选　项	含　　义
-u	--uid	修改用户的 UID
-d	--home	修改用户的主目录位置
-g	--gid	修改用户的基本组群名称
-s	--shell	修改用户的登录 shell
-l	--login	修改用户的登录名称,其他信息不会被修改,需要手动修改主目录等信息以匹配新用户名
-L	--lock	锁定用户的登录密码
-U	--unlock	解锁用户的登录密码
-e	--expiredate	设置用户账户的过期时间,时间格式为 YYYY-MM-DD

例如,修改 sam 用户的过期时间为 2022-09-17,命令如下:

```
kylin@localhost ~$ usermod -e 2022-09-17 sam↓
```

此时,再使用 sam 用户登录系统会收到以下登录失败的信息:

```
Your account has expired; please contact your system administrator.
```

userdel 命令只能被拥有超级权限的用户使用,用来删除用户账户,它所在的目录也是/usr/sbin。userdel 命令的常用选项如表 6-4 所示。

表 6-4　userdel 命令的常用选项

选　　项	长　选　项	含　　义
-f	--force	强行删除某一个用户,即使该用户当前正处于登录状态,同时强行删除该用户的主目录
-r	--remove	删除用户和其主目录及其下的所有文件和子目录

如果不使用任何选项,系统将只删除该用户而保留其主目录内容。

任务 4　管理组群

组群就是具有相同特征的用户的集合体。比如,让多个用户具有相同的权限,可以把需要管理的用户定义到同一个组群中,通过修改文件或目录的权限,让组群具有一定的操作权限,这样组群中的所有用户对该文件或目录具有相同的权限。依靠这种方式,系统可以对一个组群进行管理从而实现对该组群中的所有用户集中管理的目的。

将用户分组是 Linux 操作系统中对用户进行管理及控制访问权限的一种手段。每个用户都属于某个组群，一个组群中可以有多个用户，一个用户也可以属于不同的组群，但只能有一个主组群，其他的组群都是附加组群。组群的账户信息保存在/etc/group 配置文件中，任何用户都可以读取，而组群的真实密码保存在/etc/gshadow 配置文件中，只有管理员才可以查看。当一个用户同时是多个组群中的成员时，在/etc/passwd 文件中记录的是用户所属的主组群，也就是登录时所属的默认组群。

使用 less 命令可以浏览/etc/group 文件，命令如下：

```
kylin@kylinVM:~$ less /etc/group↓
root:x:0:
bin:x:1:bin,daemon
……
user:x:1000:
Tom:x:1001:
sam:x:1004:
```

与/etc/passwd 文件一样，/etc/group 文件的格式也是由冒号隔开若干个字段，这些字段具体如下：

组名:密码:组标识号:组群内用户列表

组名是组群的名称，由字母或数字构成。与/etc/passwd 中的登录名一样，组名不应重复。

密码字段存放的是组群加密后的密码。Linux 操作系统的组群一般没有密码，即这个字段一般为空，在这里是占位符"x"。

组标识号与用户标识号类似，也是一个整数，在系统内部用来标识组群。

组群的用户列表是属于这个组群的所有用户的列表，不同用户之间用逗号分隔。这个组群可能是用户的主组群，也可能是附加组群。

切换到管理员权限，使用 less 命令查看/etc/gshadow 文件的内容，命令如下：

```
kylin@localhost ~$ less /etc/gshadow↓
root:::
bin:::bin,daemon
……
Tom:!::
sam:!::
```

/etc/gshadow 文件的格式也是由冒号隔开若干个字段，各字段从左到右依次为组名、组群加密密码、组群管理员密码和以此组群为附加组群的用户列表。

在创建用户时，系统会默认创建一个与用户名同名的组群。创建组群使用 groupadd 命令（group add），只有超级用户才可以使用该命令。例如，创建一个新的组群 group1，命令如下：

```
kylin@localhost ~$ groupadd group1↓
```

创建完成后，可以查看/etc/group 文件的内容，会发现在文件的最后一行增加了 group1 的组群信息。在创建组群的时候也可以指定 GID，方法是使用-g 选项后加 ID 号，如果在创建组群时不指定 GID，系统会自动分配。groupadd 命令的常用选项如表 6-5 所示。

表 6-5　groupadd 命令的常用选项

选　　项	长 选 项	含　　义
-g	--gid	为新创建的组群指定 GID

用户可以修改已有组群的属性，修改组群的属性使用 groupmod 命令（group modify），此

命令只有超级用户才能使用，命令格式如下：

```
groupmod [选项] 组群名↓
```

例如，将刚创建的组群 group1 的组名修改为 group2，命令如下：

```
kylin@localhost ~$ groupmod group1 -n group2↓
```

groupmod 命令的常用选项如表 6-6 所示。

表 6-6　groupmod 命令的常用选项

选　　项	长 选 项	含　　义
-g	--gid	修改指定组群的 GID
-n	--new-name	修改指定组群的组名

删除指定的组群可以使用 groupdel 命令（group delete），只有超级用户才能使用该命令。在删除指定的组群之前要确保该组群不是任何用户的主组群，否则不能删除该组群。例如，删除刚才的组群 group2，命令如下：

```
kylin@localhost ~$ groupdel group2↓
```

任务 5　了解 Linux 的文件系统

现代操作系统大多是以文件的形式对数据进行管理的，文件系统是操作系统中与管理文件相关的所有软件和数据的集合，文件系统是操作系统用于明确存储设备或分区上的文件的方法和数据结构，即在存储设备上组织文件的方法。

Linux 发行版本之间的差别很小，差别主要表现在系统管理的特色工具及软件包的管理方式上，目录结构基本上是相同的。Windows 操作系统的文件结构是多个并列的树形结构，顶部是不同的磁盘（分区），如 C、D、E、F 等。而 Linux 操作系统的文件结构是单个的树形结构。前面介绍过，Linux 操作系统的文件系统的最高目录称为根目录，用 "/" 来表示。在根目录下存在若干子目录，每个子目录都有相应的作用。在 Linux 操作系统的根目录中可以使用 ls 命令查看目录结构，表 6-7 列出了部分目录的说明。

表 6-7　部分目录的说明

目　　录	说　　明
/	根目录
/bin	存放普通用户可以执行的命令，系统中的任何用户都可以执行该目录中的命令
/sbin	存放系统的管理命令，普通用户不能执行该目录中的命令
/lib	包含运行/bin 和/sbin 目录中的二进制文件时需要的共享库
/home	普通用户的主目录，每个用户在该目录下都有一个与用户名同名的目录
/etc	存放系统配置和管理文件，这些文件都是文本文件
/boot	存放内核和系统启动程序
/root	根用户（超级用户）的主目录
/usr	该目录最庞大，存放应用程序及相关文件
/dev	存放设备文件
/mnt	主要用于存放系统引导后被挂载的文件系统的挂载点
/proc	虚拟的目录，是系统内存的映射，可以直接访问这个目录来获取系统信息
/var	存放系统中经常变化的文件，如日志文件、用户邮件等
/tmp	公用的临时文件存储点

不同的操作系统往往使用不同的文件系统，例如，Windows 操作系统使用的文件系统有 FAT、FAT32、NTFS 等。为了与其他操作系统兼容，操作系统通常支持多种类型的文件系统。Linux 操作系统使用 VFS（虚拟文件系统）向上和用户进程文件访问系统调用接口，向下和不同的文件系统实现接口。VFS 屏蔽了具体文件的实现细节，向上提供统一的操作接口。通过 VFS 可以实现任意的文件系统，这些文件系统通过文件访问系统调用都可以访问。所以 Linux 操作系统核心可以支持多种文件系统类型，如 BTRFS、JFS、ReiserFS、ext、ext2、ext3、ext4、ISO9660、XFS、Minx、MSDOS、UMSDOS、VFAT、NTFS、HPFS、NFS、SMB、SysV、proc 等。

ext 是专门为 Linux 操作系统设计的，为 Linux 操作系统核心所做的第一个文件系统。该文件系统最大支持 2GB 的容量。ext2 由 Rémy Card 设计，用来代替 ext，是 Linux 内核使用的文件系统，单个文件最大限制为 2TB，该文件系统最大支持 32TB 的容量。ext3 是一个日志文件系统，单个文件最大限制为 16TB，该文件系统最大支持 32TB 的容量。ext4 也是 Linux 操作系统下的日志文件系统，单个文件最大限制为 16TB，该文件系统最大支持 1EB 的容量。

此外，Linux 操作系统还有 swap 文件系统和 proc 文件系统。swap 文件系统是 Linux 操作系统的交换分区采用的文件系统，在 Linux 操作系统中，使用交换分区来实现虚拟内存。在安装 Linux 操作系统时，必须建立交换分区，且交换分区的文件系统必须是 swap 文件系统，交换分区的大小一般为实际物理内存的两倍。proc 文件系统是一个系统专用的文件系统，只存在于内存中，不占用磁盘空间，它以文件系统的方式为访问系统内核数据的操作提供接口。/proc 目录与 proc 文件系统相对应，/proc 目录下是一些以数字命名的目录，它们是进程目录，当前运行的每个进程都有对应的一个目录在/proc 目录下，进程号就是目录名，是读取进程信息的接口。由于系统的信息是动态改变的，所以用户或应用程序读取 proc 文件时，proc 文件系统是动态地从系统内核读出用户需要的信息并提交的。

任务6　认识文件类型及访问权限

1. 文件名

文件是 Linux 操作系统存储信息的基本结构，它是被命名的存储在某种介质（如磁盘、光盘和磁带等）上的一组信息的集合。文件名是文件的标识，由字母、数字、下画线和圆点组成。Linux 操作系统要求文件名的长度在 255 个字符以内。

Linux 操作系统不同于 Windows 操作系统，Linux 操作系统没有扩展名的概念。虽然在 Linux 操作系统中也可以有类似于 file.txt 的文件，但这并不能说明该文件就是一个文本文件，它有可能是一个二进制文件，也有可能是一个文本文件，也就是说，文件的名称和文件的类型没有直接关系。

2. 文件类型

Linux 操作系统中有 4 种基本的文件类型：普通文件、目录文件、链接文件和设备文件。普通文件是用户最常接触的文件，它又分为文本文件和二进制文件。文本文件是一种由若干字符构成的计算机文件；而图形文件及可执行程序等都属于二进制文件，这些文件含有特殊的格式及计算机代码。目录文件简称为目录，它存储与文件有关的信息。链接文件又分为硬链接文件和符号链接文件，在前面已经介绍过使用 ln 命令创建链接文件的方法。Linux 操作系统把每个 I/O 设备都看成一个文件，根据具体设备的不同，设备文件又分为块设备文件和字符设备文件。

在使用 ls 命令查看文件名时，系统会根据不同的文件类型将文件名显示为不同的颜色。用户可以通过文件名的颜色区分文件的类型，文件颜色与类型的对应关系如表 6-8 所示。

表 6-8　文件颜色与类型的对应关系

文件颜色	文件类型
白色或黑色	普通文件
红色	压缩文件
蓝色	目录文件
浅蓝色	符号链接文件
黄色	设备文件
绿色	可执行文件

3. 文件访问权限

Linux 操作系统是一个多用户的操作系统，即允许多个用户同时访问系统。为了避免多个用户在使用系统时相互干扰，Linux 操作系统为所有文件（包括目录）设置了访问权限，这些访问权限决定了谁能访问及如何访问某个文件。Linux 操作系统中对文件的访问权限有以下 3 种：读取权限、写入权限、执行权限。例如，用户查看文件内容或目录中的内容需要有目标文件的读取权限；用户修改文件内容，删除、重命名文件需要有目标文件的写入权限；用户执行可执行文件、脚本或进入目录需要有目标文件的执行权限。

在 user 用户登录的情况下，使用 less 命令查看/etc/shadow 文件，会得到这样的提示：

```
kylin@kylinVM:~$ less /etc/shadow↓
/etc/shadow: Permission denied
```

这表示 user 用户没有查看该文件的权限。使用 ls -l 命令就可以查看一个文件的访问权限，例如，查看用户主目录下各文件的访问权限，命令如下：

```
kylin@kylinVM:~$ ls -l↓
total 68
drwxr-xr-x. 3 user user  4096 Oct  9 15:37 Desktop
drwxr-xr-x. 2 user user  4096 Sep  1 09:54 Documents
drwxr-xr-x. 2 user user  4096 Sep  1 09:54 Downloads
drwxr-xr-x. 2 user user  4096 Sep  1 09:54 Music
drwxr-xr-x. 2 user user  4096 Sep  1 09:54 Pictures
drwxr-xr-x. 2 user user  4096 Sep  1 09:54 Public
……
```

在返回的结果中，第一部分就是该文件的访问权限。每个文件的访问权限由左边第一部分的这 10 个字符来确定。例如，对于 Desktop 这个目录的访问权限是 drwxr-xr-x，这 10 个字符又可以分为 4 部分，各部分的含义如图 6-6 所示。

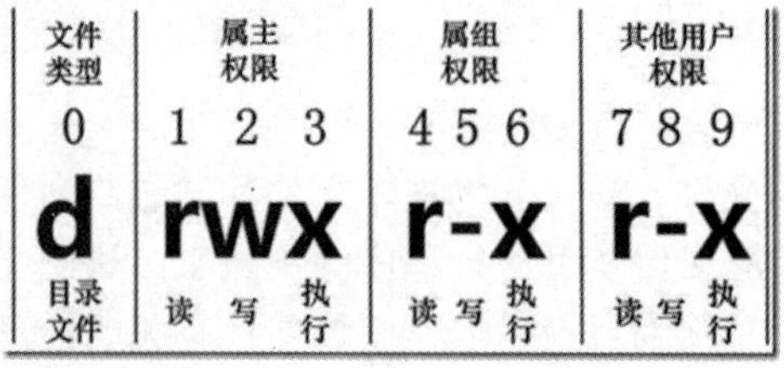

图 6-6　drwxr-xr-x 各部分的含义

第一部分也就是第 0 位，表示该文件的文件类型，"-"代表普通文件，"d"（directory）代表目录文件，"l"（link）代表符号链接文件，"b"（block）代表块设备文件，"c"（character）代表字符设备文件。Desktop 是一个目录，所以第一个字符是"d"。

接下来的字符中，3 个为一组，且均为"r""w""x"3 个参数的组合。其中，"r"代表可读（read），"w"代表可写（write），"x"代表可执行。要注意的是，这 3 个权限的位置不会改变，如果没有相应的权限，就会显示"-"。

文件权限与用户和组群密切相关。从用户的角度来划分，可以将文件的访问权限分为 3 类：文件所有者、所有者的同组群用户、其他用户。文件访问权限的第二部分，也就是第 1~3 位，确定属主（该文件的所有者）拥有该文件的权限。第三部分，也就是第 4~6 位，确定属组（所有者的同组群用户）拥有该文件的权限。第四部分，也就是第 7~9 位，确定其他用户拥有该文件的权限。其中，第 1、4、7 位表示读取权限，如果用"r"表示，则表示用户具有读取权限，如果用"-"表示，则表示用户不具有读取权限；第 2、5、8 位表示写入权限，如果用"w"表示，则表示用户具有写入权限，如果用"-"表示，则表示用户不具有写入权限；第 3、6、9 位表示执行权限，如果用"x"表示，则表示用户具有执行权限，如果用"-"表示，则表示用户不具有执行权限。

文件都有一个特定的所有者，也就是对该文件具有所有权的用户。同时，在 Linux 操作系统中，用户是按组群分类的，一个用户属于一个或多个组群。文件所有者以外的用户又可以分为文件所有者的同组用户和其他用户。因此，Linux 操作系统按文件所有者、文件所有者同组群用户和其他用户规定不同的文件访问权限。在这个例子中，Desktop 是一个目录文件，文件所有者是 user（用户名），文件所有者所在的组群是 user（组名）。文件所有者对该文件有读取、写入、执行的权限，而 user 组群中的其他用户对该文件有读取、执行的权限，系统中的其他用户对该文件有读取、执行的权限。

ls -l 命令返回的信息将文件的详细信息分为 7 列，具体说明如表 6-9 所示。

表 6-9 ls -l 命令返回信息的具体说明

列 数	说 明
第一列	文件的访问权限
第二列	链接数，使用 ln 命令创建链接时，其数值会加 1
第三列	文件所有者的用户名
第四列	文件所有者的组名
第五列	文件的大小、字节数
第六列	修改该文件的日期，格式为"月 日 小时:分钟"
第七列	文件名

任务 7　文件权限管理

1. 修改文件的访问权限

在 Linux 操作系统中，一个用户可以拥有文件，当一个用户拥有一个文件时，它将对该文件的访问权限拥有控制权。用户又属于一个组群，组群中的用户对该文件的访问权限由文件所有者授予。文件所有者除了可以授予同组群其他用户对该文件的访问权限，还可以授予组群之外的用户对该文件的访问权限。

文件所有者在创建文件的时候，系统会自动为其设置访问权限，但这些默认的设置不一定能够满足用户的需要，此时该文件的所有者可以修改文件的访问权限。

修改访问权限可以使用 chmod 命令（change file mode bits），命令格式如下：

```
chmod  [选项]...  模式[,模式]...  文件名...↓
```

例如，在 user 用户的主目录下，有一个文本文件 test1.txt，默认的访问权限是 rw-rw-r--，可见对其他用户来说，只有对该文件的读取权限而没有修改权限，现在修改其访问权限，使其他用户也可以对该文件进行修改。使用 chmod 命令修改文件访问权限有两种方式，分别是数字表示法和字符表示法。

（1）使用数字表示法修改文件访问权限

如果使用二进制数来表示用户对某一个文件有没有读取、写入、执行权限，就可以得到表 6-10。其中，访问权限一列用 rwx 来表示对文件的读取、写入和执行权限，如果没有对应的权限则记作"-"。如果将有权限记作 1，没有权限记作 0，就可以得到访问权限对应的二进制数，也就是表中的第二列内容。二进制数不方便用户使用，再将二进制数转换为方便用户读写的十进制数，就得了表中的第三列内容。

表 6-10　访问权限数字表示法

访 问 权 限	二进制数表示	十进制数表示
---	000	0
--x	001	1
-w-	010	2
-wx	011	3
r--	100	4
r-x	101	5
rw-	110	6
rwx	111	7

对文件的访问权限可以用 3 位十进制数来表示，例如，上面的例子中 test1.txt 这个文件的访问权限是 rw-rw-r--，用数字表示法来表示就是 664。

在使用 chmod 命令修改文件访问权限时，用户可以将数字表示形式直接作为参数使用，例如，将 test1.txt 文件的访问权限修改为 rw-rw-rw-，使用数字表示法的命令如下：

```
kylin@kylinVM:~$ chomd 666 test1.txt↓
```

修改后，可以使用 ls -l 命令查看修改的效果，命令如下：

```
kylin@kylinVM:~$ ls -l↓
……
-rw-rw-rw-. 1 user user   69 Oct  7 17:57 test1.txt
……
```

通过数字表示法可以简单、直观地修改文件的访问权限，但需要在修改之前对权限进行数字转换，这对初学者来说有些烦琐，但使用熟练之后效率很高。

（2）使用字符表示法修改文件访问权限

chmod 命令还支持使用字符表示法来修改文件的访问权限。该方法分为 3 部分：修改的对象、操作符、操作的权限。

用户可以通过字符 u、g、o、a 的组合指定要修改的对象，字符说明如表 6-11 所示。

表 6-11　字符说明

字　　符	说　　明
u	user 的简写，表示文件的所有者
g	group 的简写，表示文件所属组群
o	others 的简写，表示其他用户
a	all 的简写，表示 u、g、o 的组合

如果没有指定字符，则默认使用 all。

操作符"+"表示添加一种权限，"-"表示删除一种权限，"="表示只有指定的权限可用，其他的权限都被删除。

权限依然使用 rwx 来表示。

例如，u+x 表示为文件所有者添加执行权限；g-wx 表示为文件所属组群中的用户删除写入和执行权限；+x 表示为文件所有者、所属组群中的用户和其他用户添加执行权限，即 a+x；go=r 表示只授予所属组群中的用户及其他用户读取权限。

如果要将 test1.txt 文件的访问权限修改为 rw-rw-rw-，使用字符表示法的命令如下：

```
kylin@kylinVM:~$ chmod o+w test1.txt↓
```

修改后，可以使用 ls -l 命令查看修改的效果，命令如下：

```
kylin@kylinVM:~$ ls -l↓
……
-rw-rw-rw-. 1 user user  69 Oct  7 17:57 test1.txt
……
```

2. 修改文件所有者和所属组群

每个文件都有自己的文件所有者和所属组群，使用 chown 命令（change file owner and group）可以修改文件所有者和所属组群，但使用这个命令需要超级用户权限。

chown 命令的格式如下：

```
chown   [选项]...   [文件所有者][:[所属组群]] 文件名...↓
```

chown 命令修改的是文件所有者还是文件所属组群或是两者都修改取决于该命令的具体参数。参数中的"文件所有者"和"所属组群"是以用户名或 UID 及组群名或 GID 的形式给出的。表 6-12 给出了参数的组合方法及说明。

表 6-12　chown 命令参数的组合方法及说明

参数组合	参数形式	说　　明
只给出文件所有者	user	文件所有者将被修改为 user，文件的所属组群将不发生变化
文件所有者后加一个冒号再加一个组名，并且在它们之间没有空格	user:group	文件的所有者将被修改为 user，文件的所属组群将被修改为 group
只给出用户名后加一个冒号，但是没有给出组名	user:	文件的所有者将被修改为 user，文件的所属组群将被修改为 user 所属的组
只给出冒号加组名，但是没有给出文件所有者	:group	文件所有者不变，只将文件所属组群修改为 group

其实还有一个更改文件所属组群的命令 chgrp（change group），这是因为在早期的 Linux 版本中，chown 命令只能修改文件所有者而不能修改文件所属组群。现在 chown 命令的功能已涵盖了 chgrp 命令的功能，读者可以自行使用 man chgrp 命令查看 chgrp 命令的使用方法。

3. 设置默认权限

在 Linux 操作系统中，创建文件时系统会给文件设置一个默认的访问权限，那么这个默认的访问权限是怎么来的呢？这就是 umask 命令做的事情。umask 命令控制着创建文件时指定给文件的默认权限，它与 chmod 命令的效果刚好相反，umask 命令设置的是权限掩码，而 chmod 命令设置的是文件权限码。

首先，使用不带参数的 umask 命令来查看系统当前的掩码值，命令如下：

```
kylin@kylinVM:~$ umask↓
0002
```

这是掩码的八进制数表示形式，接着创建一个新的文件，并查看该文件的访问权限，命令如下：

```
kylin@kylinVM:~$ >test2.txt↓
kylin@kylinVM:~$ ls -l test2.txt↓
-rw-rw-r--. 1 user user 0 Oct 11 02:57 test2.txt
```

可以发现，文件所有者和所属组群中的用户都有读取和写入权限，而其他用户只有读取权限，其他用户没有写入权限的原因就在 umask 命令的掩码上。使用 umask 命令可以修改掩码值。例如，将掩码值修改为 0000，再创建一个新的文件 test3.txt，查看 test3.txt 文件的访问权限，命令如下：

```
kylin@kylinVM:~$ umask 0000↓
kylin@kylinVM:~$ >test3txt↓
kylin@kylinVM:~$ ls -l test3txt↓
-rw-rw-rw-. 1 user user 0 Oct 11 03:06 test3.txt
```

对于这次新创建的 test3.txt 文件，文件所有者、所属组群中的用户和其他用户都有读取和写入权限，可见系统默认的访问权限发生了改变。如果将 0002 和 0000 这两个掩码转换为二进制数的形式，再与文件的访问权限进行对比就可以发现其中的规律，如表 6-13 所示。

表 6-13　umask 命令掩码作用说明

原始文件访问权限	---	rw-	rw-	rw-
掩码 0002 的二进制数形式	000	000	000	010
掩码 0002 作用结果	---	rw-	rw-	r--
掩码 0000 的二进制数形式	000	000	000	000
掩码 0000 作用结果	---	rw-	rw-	rw-

在掩码的二进制数表示形式中，出现 1 的位置对应的权限被删除了，而出现 0 的位置对应的权限没有被删除，所以在这个例子中，将掩码 0002 修改为 0000 后，再创建新的文件时，系统默认其他用户也获得了写入权限。常用的掩码值还有 0022，其作用结果就是将系统默认设置的文件访问权限设置为 rw-r--r--。在大多数情况下不需要修改掩码值，使用系统默认的掩码值就可以，但在一些高安全级别的情况下，可能需要修改掩码值来限制文件的访问权限。

本章小结

本章主要介绍了 Linux 操作系统中用户和组群的概念，以及在图形用户界面和命令界面中管理用户、组群的方法。还介绍了 Linux 文件系统的树形结构及主要目录的功能，以及对文件的访问权限的控制方法。文件的访问权限有读取、写入、执行 3 种，可以为不同的用户授予不同的访问权限。

练习题

1. 举例说明创建一个用户账户的详细过程。

2. 如何设置用户密码？如何锁定用户账户？如何设置用户密码时效？

3. Linux 文件系统的 3 种基本权限是什么？

4. Linux 文件系统的 3 种特殊权限是什么？何时使用它们？

5. 简述 chmod 命令的两种设置权限的方法。

6. 如何更改文件或目录的属主和属组？

第7章

进程管理与系统监视

Linux 操作系统是一个多用户、多任务的操作系统，可以同时执行多个任务。这里的同时执行多个任务是指操作系统快速切换多个进程来实现多个任务。Linux 操作系统的内核是通过进程来管理多个任务的，对于系统任务的管理，实际上就是对系统中运行的进程的管理。在日常的系统管理过程中，系统管理员要经常对系统的运行状况进行监视，对于停止响应的进程或异常的进程要及时地处理，以保证系统运行的正常、稳定。

任务 1　了解 Linux 的进程

进程是一个具有独立功能的程序的一次运行过程，也是操作系统进行资源分配和调度的基本单位。进程不是程序，进程和程序的区别在于：程序是一系列指令的集合，是静态的，进程是程序的一次运行过程，是动态的；程序是长期保存在外部存储设备中的，进程是有生命周期的，进程会被创建、执行，进程会消亡，进程在其生命周期中状态是不断变化的。一个程序的运行可以启动若干个进程，一个进程也可以启动若干个程序，这种情况称为父进程创建子进程。

每个进程在创建的时候都会被 Linux 操作系统指定一个唯一的号码，即进程号（PID）。在 Linux 操作系统中，进程的 PID 是按递增顺序来进行分配的，第一个被系统创建的进程是 init，其 PID 是 1，其他的进程都是 init 的子孙进程。例如，当输入 ls 命令并按回车键后，系统就创建一个进程，这个进程会执行一次 ls 命令，ls 命令执行完成后，结果显示在屏幕上，这个进程也就消亡了。可以通过 ps 命令（report a snapshot of the current processes）来验证这一点，在终端输入 ps 命令，执行结果如下：

```
kylin@kylinVM:~$ ps↓
  PID  TTY       TIME   CMD
 2790  pts/0    00:00:00   bash
 3158  pts/0    00:00:00   ps
```

ps 命令可以用来查看进程信息，输出结果中列出了两个进程，一个是 bash，另一个是 ps，它们的 PID 分别是 2790 和 3158。在默认情况下，ps 命令只输出和当前终端会话相关的进程信息。TTY 是 Teletype（电传打印机）的缩写，表示进程的控制终端。TIME 表示执行该进程消耗的 CPU 时间，这两个进程都在不足 1 秒的时间内完成，因此时间为 00:00:00，执行进程并不是不需要时间，而是这个时间很短。CMD 表示启动这个进程的 shell 命令。

此时，在执行一次 ls 命令后，执行 ps 命令，结果如下：

```
kylin@kylinVM:~$ ls↓
......
```

```
kylin@kylinVM:~$ ps
PID   TTY      TIME   CMD
2790  pts/0    00:00:00   bash
3160  pts/0    00:00:00   ps
```

第二次看到 ps 的 PID 比之前加 2，这说明，中间执行的 ls 命令的 PID 是 3159，之所以没有在第二次 ps 命令的执行结果中看到 ls 进程，是因为执行第二次 ps 命令之前，ls 命令就已经运行完了，相应的进程已经消亡了。

任务 2　了解进程的状态

进程在运行的过程中，状态是不断变化的。在 Linux 操作系统中，进程有 3 种基本状态。

就绪态：进程已获得除 CPU 外的所有运行所需的资源。

运行态：进程占用 CPU，正在运行。

阻塞态：进程正在等待某一事件或某一资源。

进程的 3 种基本状态及其转换如图 7-1 所示。

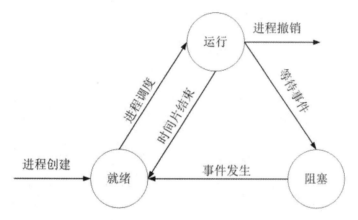

图 7-1　进程的 3 种基本状态及其转换

进程从运行态到阻塞态往往是由于等待外设或等待资源分配或等待人工干预。从阻塞态到就绪态则是由于等待的条件已满足，在分配到 CPU 后就能运行。从运行态到就绪态不是自身原因，而是外界原因使运行状态的进程让出 CPU，这时候就变成就绪态。例如，时间片用完，或者有更高优先级的进程抢占 CPU 等。除以上 3 种基本状态外，进程还有挂起态、终止态、休眠态、僵死态等。

在 Linux 操作系统中，查看进程的状态可以在 ps 命令后加 x 选项，这时 ps 命令会显示所有的进程而忽略这些进程是由哪个终端控制的。因为在系统中运行着大量的进程，所以 ps 命令的返回结果很长，此时使用管道将 ps 命令的结果连接到 less 命令来查看会很方便，命令如下：

```
kylin@kylinVM:~$ ps x | less
PID TTY      STAT   TIME   COMMAND
2286 ?       Sl     0:00  /usr/bin/gnome-keyring-daemon --daemonize --login
2296 ?       Ssl    0:00  gnome-session
2304 ?       S      0:00  dbus-launch --sh-syntax --exit-with-session
......
2945 pts/0   Ss     0:00   -bash
2969 pts/0   R+     0:00   ps x
2970 pts/0   S+     0:00   less
```

TTY 这一列中出现的"？"表示没有控制终端，在使用 x 选项后，会多显示 STAT（state）这一列内容，这一列显示的是进程的状态。进程的状态及含义如表 7-1 所示。

表 7-1 进程的状态及含义

状 态	说 明
R	可执行状态，进程正在运行或处于可运行状态，也就是在运行队列中
S	可中断的睡眠状态，进程没有运行，而是在等待某个事件的发生
D	不可中断的睡眠状态，进程正在等待 I/O 操作，如硬盘驱动
T	暂停状态，进程被暂停，后续还可以继续运行
Z	僵尸状态，子进程已经终止，但还没有被父进程彻底释放
X	死亡状态，不会被用户查看到
<	高优先级，进程可以获得更多使用 CPU 的时间（nice < 0）
N	低优先级，低优先级进程只有在高优先级进程使用完 CPU 后，才能获得 CPU（nice > 0）
s	该进程是其所在会话的主进程
+	位于前台的进程组
l	该进程是多线程的

在这里对进程的 R、S、D、T、Z、X 六种状态进行介绍，用户也可以查看帮助手册来获取更多的信息。

1．R（TASK_RUNNING），可执行状态

只有在该状态的进程才可能在 CPU 上运行。而同一时刻可能有多个进程处于可执行状态，这些进程的 task_struct 结构（进程控制块）被放入对应 CPU 的可执行队列中（一个进程最多只能出现在一个 CPU 的可执行队列中）。进程调度器的任务就是从各个 CPU 的可执行队列中分别选择一个进程在该 CPU 上运行。

很多关于操作系统的教科书将正在 CPU 上执行的进程定义为 RUNNING 状态，将可执行但是尚未被调度执行的进程定义为 READY 状态，这两种状态在 Linux 操作系统中统一为 TASK_RUNNING 状态。

2．S（TASK_INTERRUPTIBLE），可中断的睡眠状态

处于这个状态的进程因为等待某事件的发生（如等待 socket 连接、等待信号量）而被挂起。这些进程的 task_struct 结构被放入对应事件的等待队列中。当这些事件发生时（由外部中断触发或由其他进程触发），对应的等待队列中的一个或多个进程将被唤醒。通过 ps 命令我们会看到，在一般情况下，进程列表中的绝大多数进程都处于 TASK_INTERRUPTIBLE 状态。

3．D（TASK_UNINTERRUPTIBLE），不可中断的睡眠状态

与 TASK_INTERRUPTIBLE 状态类似，进程处于睡眠状态，但是此刻进程是不可中断的。不可中断指的并不是 CPU 不响应外部硬件，而是指进程不响应异步信号。在绝大多数情况下，进程处于睡眠状态时，总是能够响应异步信号的。通过 ps 命令看到的进程几乎不会出现 TASK_UNINTERRUPTIBLE 状态，而总是 TASK_INTERRUPTIBLE 状态。

TASK_UNINTERRUPTIBLE 状态存在的意义在于，内核的某些处理流程是不能被打断的。如果响应异步信号，程序的执行流程中就会被插入一段用于处理异步信号的流程，于是原有的流程就被中断了。在进程对某些硬件进行操作时，可能需要使用 TASK_UNINTERRUPTIBLE 状态对进程进行保护，以避免进程与设备交互的过程被打断，使设备陷入不可控的状态。这种情况下的 TASK_UNINTERRUPTIBLE 状态总是非常短暂的，通过 ps 命令基本上不可能捕捉到。

4．T（TASK_STOPPED or TASK_TRACED），暂停状态或跟踪状态

向进程发送一个 SIGSTOP 信号，它就会因响应该信号而进入 TASK_STOPPED 状态（除非该进程本身处于 TASK_UNINTERRUPTIBLE 状态而不响应信号）。向进程发送一个 SIGCONT 信号，可以让其从 TASK_STOPPED 状态恢复到 TASK_RUNNING 状态。

当进程正在被跟踪时，它处于 TASK_TRACED 这个特殊状态。正在被跟踪指的是进程暂停下来，等待跟踪它的进程对它进行操作。比如在 GDB 中对被跟踪的进程下一个断点，进程在断点处停下来的时候就处于 TASK_TRACED 状态。而在其他时候，被跟踪的进程还是处于前面提到的那些状态。

5．Z（TASK_DEAD – EXIT_ZOMBIE），僵尸状态，进程成为僵尸进程

进程在退出的过程中，处于僵尸状态。在这个退出过程中，除了 task_struct 结构（以及少数资源），进程占有的所有资源将被回收，于是进程就只剩下 task_struct 空壳，故称为僵尸。之所以保留 task_struct，是因为 task_struct 里面保存了进程的退出码以及一些统计信息，而其父进程很可能会关心这些信息。

6．X（TASK_DEAD – EXIT_DEAD），死亡状态，进程即将被销毁

进程在退出过程中将被置于死亡状态，这意味着接下来的代码会立即将该进程彻底释放，所以死亡状态是非常短暂的，几乎不可能通过 ps 命令捕捉到。

另一个常用的选项组合是 aux，它将输出更多信息，命令如下：

```
kylin@kylinVM:~$ ps aux↓
USER  PID %CPU %MEM  VSZ   RSS  TTY   STAT START TIME  COMMAND
root   1  1.0  0.0  2904  1428  ?     Ss   05:00  0:01 /sbin/init
root   2  0.0  0.0     0     0  ?     S    05:00  0:00 [kthreadd]
……
user 2666  9.0  0.0  4944  1076 pts/0 R+   05:02  0:00 ps aux
```

这个选项组合可以显示属于每个用户的进程信息，其返回的信息除之前说明的外，新增加的列的含义如表 7-2 所示。

表 7-2　新增加的列的含义

标　　题	含　　义
USER	用户 ID，即该进程的所有者
%CPU	使用 CPU 的百分比
%MEM	使用内存的百分比
VSZ	虚拟使用的内存大小
RSS	实际使用的内存大小，即进程使用的物理内存大小（单位为 KB）
START	进程开启的时间，如果超过 24 个小时，则使用日期来显示

任务 3　控制进程

1．终止进程

在 Linux 操作系统中启动进程很简单，只要在命令行中输入命令就可以启动一个进程。例如输入 ps 命令，就是启动一个进程，只不过这个进程很快就完成了自己的任务，然后退出了，用户可能感受不到这个进程的存在，只能通过查看进程状态才能找到它存在过的证据。也有一些进程启动后不会很快完成任务，这样的进程有很多，比如 vim，启动后需要和用户进行交互，

直到用户退出 vim。

在使用 Linux 操作系统时，不可避免地会出现这种情况：执行一个进程需要花费大量的时间，在进程执行完成之前是不会返回 shell 提示符的，而此时系统管理员想要终止该进程。终止进程的操作就是在终端使用组合键 Ctrl+C，该操作会终止当前正在执行的进程。这和图形用户界面下的操作意义不同，在图形用户界面下，组合键 Ctrl+C 是复制操作。

2．让进程在后台运行

Linux 操作系统是一个多用户、多任务的操作系统，用户可以在一个终端上同时对多个任务进行操作。可是终端某一时刻的 I/O 操作只能与一个任务关联，如何实现多任务呢？这时可以将暂时不需要与用户交互的任务转入后台（background），将需要与用户交互的任务转入前台（foreground）。在 Linux 操作系统中，进程可以在前台运行，也可以在后台运行。当启动一个进程时，进程默认是在前台运行的，如果要想在启动程序时就让该程序在后台运行，可以通过在启动命令后加上"&"来实现。例如，在后台启动 vim，命令如下：

```
kylin@kylinVM:~$ vim& ↓
 [1] 3367
kylin@kylinVM:~$
```

可以看到，在执行该命令后，并没有进入 vim，而是在显示了一串数字后回到了命令提示符界面。此时，vim 正在后台运行，返回的信息是 shell 的一个被称为作业控制的特征表现，在本例中，shell 显示已经启动的作业编号是 1，也就是方括号中的内容，其后面的数字 3367 是该进程的 PID。如果需要的话，可以在后台启动多个 vim 进程，通过 ps 命令查看刚刚启动的后台进程，命令如下：

```
kylin@kylinVM:~$ vim& ↓
 [2] 3368
kylin@kylinVM:~$ps ↓
 PID TTY          TIME CMD
2770 pts/2    00:00:00 bash
3367 pts/2    00:00:00 vim
3368 pts/2    00:00:00 vim
3383 pts/2    00:00:00 ps
```

3．查看系统中的作业

在 shell 中，还可以使用 jobs 命令来查看由该终端启动的所有作业，命令如下：

```
kylin@kylinVM:~$ jobs ↓
[1]- Stopped                 vim
[2]+ Stopped                 vim
```

在返回的信息中可以看到，当前系统中运行着两个作业，方括号中的内容表示作业号，本例中作业号分别是 1 和 2，这正是刚刚启动的两个 vim 程序，在作业号后的"+"表示该作业是当前作业，也就是最近一个被放到后台的作业，如果直接输入 fg 命令（foreground），那么这个作业将被切换到前台。"-"表示当前作业之后的作业。第二列的内容表示该作业现在的运行状态，可以是 Running、Stopped、Terminated，但是如果作业被终止了，shell 会删除该作业的进程标识。也就是说，jobs 命令显示的是当前 shell 环境中后台正在运行或被挂起的所有作业信息。第三列内容显示的是该作业的名称。jobs 命令还有若干选项，其选项的含义如表 7-3 所示。

表 7-3 jobs 命令选项的含义

选 项	含 义
-l	除正常信息外，显示作业的进程号
-p	仅显示作业对应的进程号
-n	显示被用户修改了状态的作业信息
-r	仅显示处于 Running 状态的作业
-s	仅显示处于 Stopped 状态的作业

4．进程的前后台切换

在后台运行的进程不会接受任何的键盘输入，当然也包括终止操作组合键 Ctrl+C。让后台的进程转入前台运行可以使用 fg 命令（foreground）。fg 命令后面可以指定转入前台的进程的作业号，如果不指定作业号，那么 fg 命令会将当前作业转入前台。一般在使用 fg 命令之前，会先使用 jobs -l 命令查看作业信息。例如，将上例中在后台启动的 vim 转入前台，命令如下：

```
kylin@kylinVM:~$ jobs -l↓
[1]- 3367 Stopped (tty output)    vim
[2]+ 3368 Stopped (tty output)    vim
kylin@kylinVM:~$ fg 1↓
```

执行后，将显示 vim 的软件界面，这表示将作业 1 从后台切换到了前台。

如果想要暂停正在运行的前台进程，而不是终止该进程，或者需要将前台进程转入后台运行，就需要使用 bg 命令（background）。暂停前台进程需要按组合键 Ctrl+Z，先将前台进程暂停，再使用 bg 命令将该进程转入后台继续运行。前台进程正在运行的时候，按组合键 Ctrl+Z 会使该进程进入暂停状态，此时使用 ps aux 命令可以看到该进程的状态为 T（TASK_STOPPED）。在执行一些需要较长时间才能完成的命令时，通常在开始执行命令后，将该进程转入后台，此时可以进行其他操作，待命令执行完成后，再查看执行的结果。例如，每 5 秒测试一次当前主机与网关之间的联通性，命令如下：

```
kylin@kylinVM:~$ping 192.168.1.1 -i 5↓
PING 192.168.1.1 (192.168.1.1) 56(84) bytes of data.
64 bytes from 192.168.1.1: icmp_seq=1 ttl=64 time=2.33 ms
64 bytes from 192.168.1.1: icmp_seq=2 ttl=64 time=1.76 ms
……
```

如果不采取任何措施，这个命令会一直执行下去，每 5 秒输出一次测试结果，此时按组合键 Ctrl+Z，会在 shell 的命令提示符中看到如下内容：

```
……
[1]+ Stopped                    ping 192.168.1.1 -i 5
kylin@kylinVM:~$
```

这表明刚才的前台进程被暂停了，此时可以将该进程转入后台继续执行，命令如下：

```
kylin@kylinVM:~$bg 1↓
[1]+ ping 192.168.1.1 -i 5 &
kylin@kylinVM:~$ 64 bytes from 192.168.1.1: icmp_seq=41 ttl=64 time=1.56 ms
64 bytes from 192.168.1.1: icmp_seq=42 ttl=64 time=1.50 ms
……
```

可以看到，此时该进程又开始输出测试结果，这表明进程正在后台运行，并且在进程转入后台运行后，用户可以在 shell 命令提示符中输入其他命令或进行其他操作，使用 jobs 命令查看作业信息可以发现，作业的状态是 Running，命令如下：

```
……
64 bytes from 192.168.1.1: icmp_seq=46 ttl=64 time=1.50 ms
kylin@kylinVM:~$ jobs↓
[1]+  Running                 ping 192.168.1.1 -i 5 &
```

即使将进程切换到后台运行，有的进程还是会向终端输出信息，这样会影响用户对终端的操作，因此可以通过重定向的方式让后台进程向指定的文件中输出信息，这样后台运行的进程就不会影响用户对终端的操作，而用户也不会错过该进程输出的信息了，如果想要查看后台进程的输出信息，打开相应的文件即可，例如，将上例中 ping 命令在后台启动并将输出的结果重定向到 pinginfo 文件中，命令如下：

```
kylin@kylinVM:~$ ping 192.168.1.1 -i 5 > pinginfo &↓
[1] 8513
kylin@kylinVM:~$
```

5. 杀死进程

kill 命令通常用来"杀死"（终止）进程，它可以用来终止不正常的进程，例如，使用 kill 命令终止刚才测试主机联通性的后台进程，命令如下：

```
kylin@kylinVM:~$ kill  8513↓
kylin@kylinVM:~$ ps↓
……
[1]+  Terminated  ping 192.168.1.1 -i 5 > pinginfo
kylin@kylinVM:~$
```

使用 kill 命令需要指定想要终止的进程的 PID。可以使用 ps 命令来查看想要终止的进程的 PID，也可以使用 jobspec 选项（如 kill %1）代替 PID 来指定该进程。

kill 命令准确地说并不是"杀死"进程，而是给进程发送信号。信号是操作系统和进程间通信的方式之一，在使用组合键 Ctrl+C 和 Ctrl+Z 时就是在向进程发送信号。当终端接收到其中的一个输入时，它将发送信号到前台进程。在按组合键 Ctrl+C 的情况下，它将发送一个被称为 INT（中断，Interrupt）的信号；在按组合键 Ctrl+Z 的情况下，它将发送一个被称为 TSTP（终端暂停，Terminal Stop）的信号，常见的信号如表 7-4 所示。

表 7-4　常见的信号

信号编号	信号名称	含　义
1	HUP	挂起信号，运行在终端上的进程收到该信号后将终止
2	INT	中断信号，执行效果和在终端按组合键 Ctrl+C 的效果相同，通常用来终止一个进程
3	QUIT	退出信号
9	KILL	杀死信号，进程可以选择不同的方式来处理发送过来的信号，包括忽略所有的信号。KILL 信号将不会真正意义上地被发送给目标进程，而是由操作系统的内核立即终止该进程。当进程以这种方式被终止时，它将没有机会对自己进行"清理"或对当前工作进行保存，因此，KILL 信号是在其他终端信号执行失败的情况下的最后选择
15	TERM	终止信号，这是 kill 命令默认发送的信号类型，如果进程仍然可以接收信号，那么它将被终止
18	CONT	继续运行信号，恢复之前接受了 STOP 信号的进程
19	STOP	暂停信号，该信号将使进程暂停，而不是终止，和 KILL 信号类似，该信号不会被发送给目标进程，因此它不能被忽略

用户可以按照下面的形式向进程发送信号，例如，向 PID 为 4247 的进程发送暂停信号，命

令如下：

```
kylin@kylinVM:~$ kill -19 4247↓
kylin@kylinVM:~$ ps↓
……
[1]+ Stopped    ping 192.168.1.1 -i 5 > pinginfo
kylin@kylinVM:~$
```

用户可以通过信号名称向目标进程发送信号。例如，使上面被暂停的进程恢复运行，命令如下：

```
kylin@kylinVM:~$ kill -CONT 4247↓
kylin@kylinVM:~$ ps↓
……
4247 pts/3   00:00:00  ping
kylin@kylinVM:~$
```

和文件一样，进程也有所有者，只有进程的所有者（或超级用户）才能使用 kill 命令向进程发送信号。

此外，使用 killall 命令还可以给指定程序或指定用户的多个进程发送信号，例如，先创建 3 个后台进程，再通过 killall 命令中止这些进程，命令如下：

```
kylin@kylinVM:~$ ping 192.168.1.1 -i 5 > pinginfo &↓
[1] 4349
kylin@kylinVM:~$ ping 192.168.1.1 -i 5 > pinginfo &↓
[2] 4350
kylin@kylinVM:~$ ping 192.168.1.1 -i 5 > pinginfo &↓
[3] 4351
kylin@kylinVM:~$ ps↓
 PID TTY        TIME CMD
 4326 pts/1   00:00:00 bash
 4349 pts/1   00:00:00 ping
 4350 pts/1   00:00:00 ping
 4351 pts/1   00:00:00 ping
 4352 pts/1   00:00:00 ps
kylin@kylinVM:~$ killall ping↓
[1]  Terminated            ping 192.168.1.1 -i 5 > pinginfo
[2]- Terminated            ping 192.168.1.1 -i 5 > pinginfo
[3]+ Terminated            ping 192.168.1.1 -i 5 > pinginfo
kylin@kylinVM:~$
```

和 kill 命令一样，用户必须具有超级用户权限才能使用 killall 命令给不属于自己的进程发送信号。

任务 4 使用进程调度

1. 使用 at 调度

Linux 操作系统允许用户根据需要在指定的时间自动运行指定的进程。自动化进程调度有利于提高资源的利用率，均衡系统负载，提高系统管理的自动化程度。对于偶尔运行的进程采用 at 或 batch 调度，对于在特定时间重复运行的进程采用 cron 调度。at 调度命令的作用是后台运行一次，其功能是安排系统在指定时间运行程序，命令格式为：

```
at [参数] 时间↓
```

其中，常用的参数如表 7-5 所示。

表 7-5　at 命令常用的参数

参　　数	功　　能
-d	删除指定的调度作业
-f 文件名	从指定文件而非标准输入设备中读取执行的命令
-l	显示等待执行的调度作业

对于时间，有 3 种计时方式，分别是绝对计时法、相对计时法、直接计时法。其中，绝对计时法的表示方法为 HH:MM MMDDYYYY。相对计时法的表示方法为 now+时间间隔，例如：now+n minutes 表示从现在起向后 n 分钟；now+n days 表示从现在起向后 n 天；now+n hours 表示从现在起向后 n 小时；now+n weeks 表示从现在起向后 n 周。直接计时法的表示方法为 today、tomorrow、midnight、noon、teatime 等关键时间点。

以下是 at 调度的一个示例：

```
kylin@localhost ~$ at  14:30 05112016↓
at>wall hello
结束输入（CTRL+D）
kylin@localhost ~$
```

该示例会在指定的时间向系统中所有的用户广播一条"hello"的消息。

batch 调度的功能与 at 调度基本相同，不同之处在于如果不指定运行时间，进程将在系统较空闲时运行。因此，batch 调度适合在时间上要求不高，但运行时占用系统资源较多的工作。

2. 使用 cron 调度

at 调度和 batch 调度中指定的命令只运行一次，而 cron 调度可以在指定的时间内重复执行，比如每天都要进行的数据备份。cron 调度与 crond 进程、crontab 命令和 crontab 配置文件有关。crontab 配置文件中保存着 cron 调度的内容。crontab 命令用于维护 crontab 配置文件，如创建、编辑、显示、删除 crontab 配置文件。crond 进程在系统启动时启动，并且一直在后台运行，负责检测 crontab 配置文件，并按其中的内容执行指定的调度工作。

crontab 配置文件中记录的内容是何时执行何种命令，共 6 个字段，前 5 个字段是时间，最后一个字段是命令。字段不能为空，用空格分隔开，不指定内容使用"*"。"-"表示一段时间，如星期中"1-5"表示周一到周五；","表示指定时间，如星期中"1，3，5"表示周一、周三、周五。

crontab 命令常用的参数如表 7-6 所示。

表 7-6　crontab 命令常用的参数

参　　数	功　　能
-e	创建并编辑 crontab 配置文件
-l	显示 crontab 配置文件的内容
-r	删除 crontab 配置文件

crontab 命令提交的调度任务存放在/var/spool/cron 目录中，并且以提交的用户的名称命名，等待 crond 进程调度执行。

任务 5　系统监视

1. 图形用户界面下的系统监视

系统监视器是一个对硬件负载、程序运行和系统服务进行监测、查看和管理的系统工具，可以对系统运行状态进行统一管理。系统监视器可以实时监控处理器状态、内存占用率、网络上传下载速度，管理系统进程和应用进程，也支持搜索进程和强制结束进程，如图 7-2所示。

进程名称	用户名	磁盘	%CPU	ID	网络	内存	优先级
systemd	kylin	0 KB/S	0.0	1656	0 KB/S	1.8 MiB	普通
(sd-pam)	kylin	0 KB/S	0.0	1660	0 KB/S	4.5 MiB	普通
python3	kylin	0 KB/S	0.0	1687	0 KB/S	23.8 MiB	普通
dbus-daemon	kylin	0 KB/S	0.0	1691	0 KB/S	1.6 MiB	普通
ukui-session	kylin	0 KB/S	0.0	1692	0 KB/S	6.8 MiB	普通
kylinssoclient	kylin	0 KB/S	0.0	1713	0 KB/S	2.1 MiB	普通
ssh-agent	kylin	0 KB/S	0.0	1782	0 KB/S	456.0 KiB	普通
小企鹅输入法	kylin	0 KB/S	0.2	1786	0 KB/S	25.1 MiB	普通
dbus-daemon	kylin	0 KB/S	0.2	1806	0 KB/S	544.0 KiB	普通
fcitx-dbus-w…	kylin	0 KB/S	0.0	1810	0 KB/S	208.0 KiB	非常低
ukui-notific…	kylin	0 KB/S	0.0	1816	0 KB/S	10.1 MiB	普通
dconf-service	kylin	0 KB/S	0.0	1839	0 KB/S	716.0 KiB	普通
gvfsd	kylin	0 KB/S	0.0	1844	0 KB/S	948.0 KiB	普通
gvfsd-fuse	kylin	0 KB/S	0.0	1850	0 KB/S	888.0 KiB	普通
PolicyKit 认…	kylin	0 KB/S	0.0	1861	0 KB/S	3.1 MiB	普通
UKUI 设置守…	kylin	0 KB/S	0.0	1863	0 KB/S	16.8 MiB	普通
PulseAudio …	kylin	0 KB/S	0.0	1869	0 KB/S	3.9 MiB	普通

图 7-2　系统监视器

在"开始"菜单中选择"系统监视器"命令，或在桌面底部任务栏中右击，在弹出的快捷菜单中选择"系统监视器"命令打开系统监视器。

系统监视器监测系统正在运行的后台进程，通过进程名称、用户名、磁盘、%CPU、ID、网络、内存、优先级等维度显示进程信息。用户可以通过筛选活动的进程、我的进程、全部进程或直接在搜索栏搜索进程的名称查找进程，也可通过单击进程列表的表头名称进行排序查找。在进程列表中，右击某个进程，可以对进程进行结束、继续、查看属性的操作。

用户在"资源"页面中可以实时查看支撑系统的硬件模块的使用情况，如查看 CPU 历史、内存和交换空间历史、网络历史，如图 7-3 所示。

"文件系统"页面用于查看各系统设备分区的磁盘容量分配，包括设备、路径、类型、总容量、空闲、可用和已用，如图 7-4 所示。

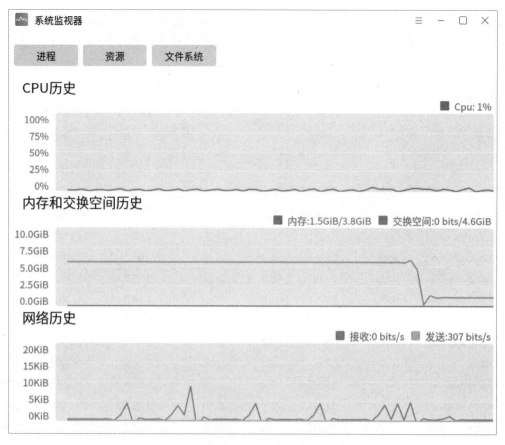

图 7-3 "资源"页面

图 7-4 "文件系统"页面

2. 在终端环境中进行系统监控

（1）使用 top 命令动态查看进程信息

在使用 ps 命令查看系统中进程状态的时候，只能显示执行 ps 命令时系统中进程状态的一个快照。如果要实时地查看系统中进程的动态信息需要使用 top 命令，命令如下：

```
kylin@kylinVM:~$ top↓
top - 21:24:11 up 15 min,  3 users,  load average: 0.01, 0.09, 0.11
Tasks: 149 total,  1 running, 148 sleeping,  0 stopped,  0 zombie
Cpu(s): 0.0%us, 0.0%sy, 0.0%ni,100.0%id, 0.0%wa, 0.0%hi, 0.0%si, 0.0%st
Mem:  1938632k total,  683164k used, 1255468k free,  23832k buffers
```

```
Swap:  2097148k total,         0k used,  2097148k free,    466388k cached

  PID USER      PR  NI  VIRT  RES  SHR S  %CPU %MEM    TIME+  COMMAND
    1 root      20   0  2904 1424 1200 S  0.0  0.1   0:01.48 init
    2 root      20   0     0    0    0 S  0.0  0.0   0:00.00 kthreadd
    3 root      RT   0     0    0    0 S  0.0  0.0   0:00.00 migration/0
    4 root      20   0     0    0    0 S  0.0  0.0   0:00.01 ksoftirqd/0
    5 root      RT   0     0    0    0 S  0.0  0.0   0:00.00 stopper/0
    6 root      RT   0     0    0    0 S  0.0  0.0   0:00.00 watchdog/0
    7 root      20   0     0    0    0 S  0.0  0.0   0:00.22 events/0
    8 root      20   0     0    0    0 S  0.0  0.0   0:00.00 events/0
    9 root      20   0     0    0    0 S  0.0  0.0   0:00.00 events_long/0
   10 root      20   0     0    0    0 S  0.0  0.0   0:00.00 events_power_ef
   11 root      20   0     0    0    0 S  0.0  0.0   0:00.00 cgroup
   12 root      20   0     0    0    0 S  0.0  0.0   0:00.00 khelper
   13 root      20   0     0    0    0 S  0.0  0.0   0:00.00 netns
......
```

　　top 命令按照进程活动的顺序，以列表的形式显示系统进程的信息，并且周期性地对信息进行更新，默认的周期是 3 秒，按 q 键可以退出显示。top 命令主要用于显示系统中顶端进程的运行情况，在显示的内容中，又包括两部分：一部分是位于顶部的系统总体状态信息，一部分是位于底部的一张按 CPU 活动时间排序的进程信息表。

　　系统总体状态信息的内容很丰富，以本例中显示的内容作为参照，具体含义如表 7-7 所示。

表 7-7　系统总体状态信息的具体含义

标　　题	含　　义
top	程序名
21:24:11	系统当前时间
up 15 min	运行时间，在本例中，系统已运行 15 分钟
3 users	当前有 3 个用户登录系统
load average: 0.01, 0.09, 0.11	负载均值（load average），后面的 3 个数分别代表了最近 1 分钟、5 分钟、15 分钟 CPU 的平均负载情况。如果是单核 CPU，1.00 就表示 CPU 已经满负荷了；如果是多核 CPU，负载均值达到 CPU 的核数就说明该 CPU 已经满负荷了
Tasks: 149 total, 1 running, 148 sleeping, 0 stopped, 0 zombie	统计进程数及状态，在本例中，系统中进程总数为 149，其中 1 个进程处于运行状态，148 个进程处于休眠状态
Cpu(s):0.0%us,0.0%sy, 0.0%ni,100.0%id, 0.0%wa,0.0%hi, 0.0%si,0.0%st	统计 CPU 的使用情况：0.0%us 表示当前 CPU 时间被用户进程占用的百分比；0.0%sy 表示当前 CPU 时间被系统进程占用的百分比；0.0%ni 表示当前 CPU 时间被友好进程占用的百分比；100.0%id 表示 CPU 空闲时间的百分比；0.0%wa 表示 CPU 等待 I/O 操作的时间；0.0%hi 表示维护硬件中断花费的时间；0.0%si 表示维护软件中断花费的时间；0.0%st 表示虚拟机监控程序从此虚拟机窃取的时间
Mem:1938632k total, 683164k used, 1255468k free, 23832k buffers	物理内存的使用情况
Swap: 2097148k total, 0k used, 2097148k free, 466388k cached	交换空间，也就是虚拟内存的使用情况

进程信息表各列的信息如表 7-8 所示。

表 7-8　进程信息表各列的信息

标　　题	含　　义
PID	进程的 PID
USER	进程所属的用户名
PR	进程的优先级
NI	进程的 nice 值，nice 值越低优先级越高。0 表示进程在调度的过程中优先级不会被调整
VIRT	进程使用的虚拟内存总量，单位为 KB
RES	进程的非交换物理内存数量，单位为 KB
SHR	进程的共享内存空间大小，单位为 KB
S	进程的状态
%CPU	进程占用 CPU 的时间百分比
%MEM	进程当前占用的物理内存
TIME+	进程占用的 CPU 时间，与 TIME 相同，只不过这里是以秒为单位计算百分比
COMMAND	启动该进程的命令

除了使用 top 程序查看系统信息，Linux 操作系统在桌面环境下也提供了类似 top 命令的图形用户界面的程序，与 Windows 操作系统的任务管理器功能类似，不过 top 命令要优于这些图形用户界面的程序，原因是 top 命令对系统资源的需求很小，运行速度更快，监视系统的结果更准确。

（2）使用 vmstat 命令监视系统

vmstat 命令是常见的 Linux/UNIX 监控工具，可以展现给定时间间隔的服务器的状态值，包括服务器的 CPU 使用率、内存使用、虚拟内存交换情况、I/O 读写情况。这个命令是查看 Linux/UNIX 最受欢迎的命令，一个原因是 Linux/UNIX 都支持，另一个原因是与 top 命令相比，vmstat 命令可以看到整个机器的 CPU、内存、I/O 的使用情况，而不是单单看到各个进程的 CPU 使用率和内存使用率，参数说明如表 7-9 所示。

表 7-9　vmstat 命令的参数说明

参　　数	说　　明
r	表示运行队列（多少个进程真的分配到 CPU）
b	表示阻塞的进程
swpd	虚拟内存已使用的大小
free	空闲的物理内存的大小
buff	空闲的缓存空间的大小
si	每秒从磁盘读取虚拟内存的大小
so	每秒虚拟内存写入磁盘的大小
bi	块设备每秒接收的块数量
bo	块设备每秒发送的块数量
in	每秒 CPU 的中断次数，包括时间中断
cs	每秒上下文切换次数
us	用户 CPU 时间
sy	系统 CPU 时间
id	空闲 CPU 时间
wt	等待 I/O CPU 时间

（3）使用 free 命令监视系统

使用 free 命令可以显示系统内存的使用情况，包括物理内存、交换内存和内核缓冲区内存。输出结果说明如表 7-10 所示。

表 7-10　free 命令输出结果说明

参　　数	说　　明
Mem	内存的使用情况
Swap	交换空间的使用情况
total	显示系统总的可用物理内存和交换空间大小
used	显示已经被使用的物理内存和交换空间大小
free	显示还有多少物理内存和交换空间可以使用
shared	显示被共享使用的物理内存大小
buff/cache	显示被 buffer 和 cache 使用的物理内存大小
available	显示还可以被应用程序使用的物理内存大小

（4）使用 df 命令监视硬盘状态

使用 df 命令可以查看文件系统整体磁盘使用量，输出结果说明如表 7-11 所示。

表 7-11　df 命令输出结果说明

参　　数	说　　明
Filesystem	文件系统的名称
Size/1K-blocks	容量
used	使用的磁盘空间
Avail	剩余空间容量
Use%	使用率
Mounted	磁盘目录所在

本章小结

本章介绍了 Linux 操作系统中进程的概念及状态，介绍了控制进程的常用方法和实现进程调度自动处理事务的方法，介绍了在图形用户界面及终端环境下如何查看和控制系统状态以实现系统监视。用户还可以在一个终端中运行多个进程，实现多任务操作。

练习题

1．什么是进程？它与程序有何关系？
2．进程的类型有哪些？进程的启动方式是什么？
3．什么是前台进程？什么是后台进程？
4．如何查看进程？
5．如何删除进程？

第8章

网络配置及远程登录

Linux 操作系统的一个主要应用领域是网络服务器，Linux 工具可以建立各种网络系统及应用，包括防火墙、路由器、域名服务器、Web 服务器等。这些服务器要与网络中的其他主机通信，首先要解决的就是网络配置的问题。此外，在对服务器进行管理和维护的时候，多数情况下管理员不会直接在服务器上进行操作，而是通过远程登录的方式来管理系统，这些都需要服务器系统接入网络，并进行正确的网络配置。

任务 1 了解 nmcli 命令

nmcli 是一个基于命令行的网络配置工具，它可以用来代替其他图形客户端，完成网卡上所有的配置工作，并且可以写入配置文件，永久生效。nmcli 用于创建、显示、编辑、删除、激活和停用网络连接，以及控制和显示网络设备状态。

nmcli 命令的基本格式为：

```
nmcli [选项] 对象 { COMMAND | help }
```

各选项及命令使用方法可以通过 man nmcli 命令查看，nmcli 命令常用的选项如表 8-1 所示。

表 8-1 nmcli 命令常用的选项

选　　项	功　　能
-t	简洁输出
-p	美观输出
-m	输出模式
-c auto|yes|no	是否多彩输出
-f <field1,field2,...>|all|common	输出哪些区域
-n	不检查 nmcli 和 NetworkManager 的版本
-a	要求默认的参数
-s	显示密码
-w<seconds>	<seconds>表示完成操作前等待的时间
-v	显示当前版本
-h	输出帮助

nmcli 命令支持的操作对象如表 8-2 所示，其中，最常用操作对象是 connection 和 device。

表 8-2　nmcli 命令支持的操作对象

对　　象	含　　义
g[eneral]	网络管理器的一般状况和运作
n[etworking]	整体网络控制
r[adio]	无线开关
c[onnection]	连接
d[evice]	设备
a[gent]	安全代理
m[onitor]	监视网络管理器的变化

nmcli 命令针对不同的操作对象可以执行的命令也有所不同，具体情况如表 8-3 所示。

表 8-3　nmcli 命令针对不同的操作对象可以执行的命令

命　　令	含　　义
nmcli dev status	显示所有接口设备的状态
nmcli dev dis 接口名	断开指定接口并禁止自动连接
nmcli dev con 接口名	启用指定接口并自动连接
nmcli con show	列出系统所有的连接（包括不活动的）
nmcli con show --active	列出系统正在使用的连接
nmcli con up 连接名	激活指定连接
nmcli con down 连接名	断开指定连接
nmcli con add ...	添加一个连接
nmcli con mod 连接名 …	修改指定连接配置
nmcli con del 连接名	删除指定连接
nmcli net off	关闭网络
nmcli net on	开启网络
nmcli radio wifi off	关闭无线网络的 Wi-Fi 设备
nmcli radio wifi on	开启无线网络的 Wi-Fi 设备

命令列中的 dev 是 device 的简写，con 是 connection 的简写，net 是 networking 的简写。nmcli 命令支持关键字简写，当没有歧义时，甚至可以简写成一个字母，例如，此表命令列中的 dev 可以简写成 d，命令一样能够被正确执行。

任务 2　使用 nmcli 命令配置网络

1. 显示所有连接

终端执行 nmcli con show 命令，如图 8-1 所示，命令的输出结果显示了当前系统的所有连接。其中名为"有线连接 1"的连接是当前正在使用的活动连接。

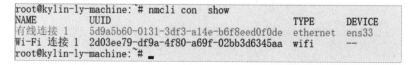

图 8-1　执行 nmcli con show 命令

2. 仅显示当前活动的连接

终端执行 nmcli con show --active 命令，如图 8-2 所示，命令的输出结果显示了当前活动的连接。

图 8-2　执行 nmcli con show --active 命令

3．显示所有的网络设备的状态

终端执行 nmcli dev status 命令，如图 8-3 所示。

图 8-3　执行 nmcli dev status 命令

从该命令的输出可以看出，当前的网络设备有以太网卡 ens33 和 lo。ens33 使用名为"有线连接 1"的连接接入网络；lo 是一个逻辑接口（由系统自动生成），当前未被 NetworkManager 管理。

4．显示指定网络连接的详情

终端执行 nmcli con show"有线连接 1"命令，可以显示当前连接"有线连接 1"的配置详情。

可以使用-p 选项获得更加美观的输出，即使用 nmcli -p con show "有线连接 1"命令。也可以直接查看"/etc/NetworkManager/system-connections/有线连接 1"文件，获得连接"有线连接 1"的配置详情，如图 8-4 所示。

图 8-4　执行 nmcli con show"有线连接 1"命令

5. 显示指定网络设备的详情

终端执行 nmcli dev show ens33 命令，可以显示网卡 ens33 的配置详情，如图 8-5 所示。

```
root@kylin-ly-machine:~# nmcli dev show ens33
GENERAL.DEVICE:                         ens33
GENERAL.TYPE:                           ethernet
GENERAL.HWADDR:                         00:0C:29:D2:D2:F4
GENERAL.MTU:                            1500
GENERAL.STATE:                          100（已连接）
GENERAL.CONNECTION:                     有线连接 1
GENERAL.CON-PATH:                       /org/freedesktop/NetworkManager/ActiveConnection/1
WIRED-PROPERTIES.CARRIER:               开
IP4.ADDRESS[1]:                         192.168.31.55/24
IP4.GATEWAY:                            192.168.31.1
IP4.ROUTE[1]:                           dst = 0.0.0.0/0, nh = 192.168.31.1, mt = 100
IP4.ROUTE[2]:                           dst = 192.168.31.0/24, nh = 0.0.0.0, mt = 100
IP4.ROUTE[3]:                           dst = 169.254.0.0/16, nh = 0.0.0.0, mt = 1000
IP4.DNS[1]:                             192.168.31.1
IP6.ADDRESS[1]:                         fe80::6594:2569:edd:76d7/64
IP6.GATEWAY:                            --
IP6.ROUTE[1]:                           dst = fe80::/64, nh = ::, mt = 100
IP6.ROUTE[2]:                           dst = ff00::/8, nh = ::, mt = 256, table=255
root@kylin-ly-machine:~#
```

图 8-5　执行 nmcli dev show ens33 命令

由该命令的输出可以得知，当前网络设备 ens33 的设备类型是以太网，该网卡硬件地址是 00:0C:29:D2:D2:F4，当前已连接网络，使用的连接是"有线连接 1"，配置的 IP 地址是 192.168.31.55，24 位掩码，网关是 192.168.31.1，DNS 也是 192.168.31.1。

6. 新建有线网络连接

（1）动态获取 IP 方式的网络连接配置

新建一个名为 office202 的网络连接，启用该连接时使用网卡 ens33。终端执行 nmcli con add con-name office202 type ethernet ifname ens33 命令，提示信息显示成功添加了连接 office202，如图 8-6 所示。

```
root@kylin-ly-machine:~# nmcli con add con-name office202 type ethernet ifname ens33
连接 "office202"（63f3890d-dc81-4f08-87b1-f83be204810f）已成功添加。
root@kylin-ly-machine:~# nmcli con show
NAME            UUID                                   TYPE      DEVICE
有线连接 1      5d9a5b60-0131-3df3-a14e-b6f8eed0f0de   ethernet  ens33
office202       63f3890d-dc81-4f08-87b1-f83be204810f   ethernet  --
Wi-Fi 连接 1    2d03ee79-df9a-4f80-a69f-02bb3d6345aa   wifi      --
root@kylin-ly-machine:~#
```

图 8-6　动态获取 IP 方式的网络连接配置

（2）指定静态 IP 方式的网络连接配置

新建一个名为 lab301 的网络连接，启用该连接时使用网卡 ens33，使用 IP 地址 192.168.102. 31，子网掩码 255.255.0.0，网关 192.168.0.254。终端执行 nmcli con add con-name lab301 ifname ens33 autoconnect yes type ethernet ip4 192.168.102.31/16 gw4 192.168.0.254 命令，提示信息显示成功添加了连接 lab301。使用显示所有连接的 nmcli con show 命令，在输出结果中可以看到连接 lab301 和 office202，如图 8-7 所示。

```
root@kylin-ly-machine:~# nmcli con add con-name lab301 ifname ens33 autoconnect yes type
ethernet ip4 192.168.102.31/16 gw4 192.168.0.254
连接 "lab301" (3c4b0e45-9c05-4bfa-b826-3f953508f72c) 已成功添加。
root@kylin-ly-machine:~# nmcli con show
NAME            UUID                                  TYPE        DEVICE
有线连接 1      5d9a5b60-0131-3df3-a14e-b6f8eed0f0de  ethernet    ens33
lab301          3c4b0e45-9c05-4bfa-b826-3f953508f72c  ethernet    --
office202       63f3890d-dc81-4f08-87b1-f83be204810f  ethernet    --
Wi-Fi 连接 1    2d03ee79-df9a-4f80-a69f-02bb3d6345aa  wifi        --
root@kylin-ly-machine:~#
```

图 8-7　指定静态 IP 方式的网络连接配置

命令关键字说明如下。

con add：添加新的连接。

con-name：连接名。

type：设备类型。

ifname：接口名。

autoconnect no：禁止开机自动启动，yes 时表示允许开机自动启动。

命令执行完成后，会在/etc/sysconfig/network-scripts/下生成名为 lab301 的配置文件。查看连接也能看到该连接，只是不是当前正在使用的连接。如果这是配置的第一个连接，NetworkManager 会自动使用该连接尝试联网。

7．修改连接配置

为连接 lab301 配置 IPv4 域名服务器 192.168.0.53。终端执行如下命令：

```
nmcli con mod lab301 ipv4.dns "192.168.0.53"
```

为连接 lab301 增加两个 IPv4 DNS 服务器 8.8.8.8 和 8.8.4.4，终端执行如下命令：

```
nmcli con mod lab301 +ipv4.dns "8.8.8.8 8.8.4.4"
```

将连接 lab301 的 IP 地址修改为 192.168.70.33。终端执行如下命令：

```
nmcli con mod lab301 ipv4.address "192.168. 70.33/16"
```

将连接 lab301 的自动连接方式修改为不自动连接。终端执行如下命令：

```
nmcli con mod lab301 connection.autoconnect "no"
```

配置修改完成后，如果需要查看修改后的配置，可以执行 nmcli con show lab301 命令，如图 8-8 所示。

```
root@kylin-ly-machine:~# nmcli con mod lab301 +ipv4.dns "8.8.8.8 8.8.4.4"
root@kylin-ly-machine:~# nmcli con mod lab301 ipv4.address "192.168. 70.33/16"
错误: modify ipv4.address 失败 : 无效的 IP 地址: 无效的 IPv4 地址 "192.168. 70.33".
root@kylin-ly-machine:~# nmcli con mod lab301 ipv4.address "192.168.70.33/16"
root@kylin-ly-machine:~# nmcli con mod lab301 connection.autoconnect no
root@kylin-ly-machine:~# nmcli con show lab301
connection.id:                          lab301
connection.uuid:                        3c4b0e45-9c05-4bfa-b826-3f953508f72c
connection.stable-id:                   --
connection.type:                        802-3-ethernet
connection.interface-name:              ens33
connection.autoconnect:                 否
connection.autoconnect-priority:        0
```

图 8-8　执行 nmcli con show lab301 命令

8．启用网络连接

启用名为 office202 的网络连接，在终端执行 nmcli con up office202 命令，如图 8-9 所示。

```
root@kylin-ly-machine: # nmcli con up office202
连接已成功激活（D-Bus 活动路径：/org/freedesktop/NetworkManager/ActiveConnection/2)
root@kylin-ly-machine: #
```

图 8-9　执行 nmcli con up office202 命令

9．停用网络连接

停用名为 office202 的网络连接，在终端执行 nmcli con down office202 命令，如图 8-10 所示。

```
root@kylin-ly-machine: # nmcli con down office202
成功停用连接 "office202" (D-Bus 活动路径：/org/freedesktop/NetworkManager/ActiveConnectio
n/2)
root@kylin-ly-machine: #
```

图 8-10　执行 nmcli con down office202 命令

注意：当接口是自动模式时，仅仅断开某个连接可能并不影响设备使用其他连接，因此，如果真的想停用网络，应停用网卡或全部网络。停用网络可以在终端执行 nmcli dev dis ens33 或 nmcli net off 命令。

10．建立网络连接

查看是否有无线网卡。在终端执行 nmcli d 命令，查看是否有 Wi-Fi 设备，如图 8-11 所示。

```
root@kylin-ly-machine: # nmcli d
DEVICE  TYPE      STATE   CONNECTION
ens33   ethernet  已连接   有线连接 1
lo      loopback  未托管   --
root@kylin-ly-machine: #
```

图 8-11　执行 nmcli d 命令

11．配置网卡 ens33 的 IP 地址、掩码及广播地址

配置网卡 ens33 的 IP 地址、掩码及广播地址可以在终端执行 sudo ifconfig ens33 192.168.31. 10 netmask 255.255.255.0 broadcast 192.168.31.255 命令。

注意，使用这种方法进行配置，在重启网络或重启系统后失效。

查看所有网卡（假设 ens33 是 up 状态，ens35 是 down 状态），终端执行 ifconfig -a 命令，如图 8-12 所示。

```
root@kylin-ly-machine:~# ifconfig -a
ens33: flags=4163<UP,BROADCAST,RUNNING,MULTICAST>  mtu 1500
        inet 192.168.31.10  netmask 255.255.255.0  broadcast 192.168.31.255
        inet6 fe80::6594:2569:edd:76d7  prefixlen 64  scopeid 0x20<link>
        ether 00:0c:29:d2:d2:f4  txqueuelen 1000  (以太网)
        RX packets 146754  bytes 159357981 (159.3 MB)
        RX errors 0  dropped 0  overruns 0  frame 0
        TX packets 43464  bytes 5039652 (5.0 MB)
        TX errors 0  dropped 0 overruns 0  carrier 0  collisions 0

lo: flags=73<UP,LOOPBACK,RUNNING>  mtu 65536
        inet 127.0.0.1  netmask 255.0.0.0
        inet6 ::1  prefixlen 128  scopeid 0x10<host>
        loop  txqueuelen 1000  (本地环回)
        RX packets 12123  bytes 1015600 (1.0 MB)
        RX errors 0  dropped 0  overruns 0  frame 0
        TX packets 12123  bytes 1015600 (1.0 MB)
        TX errors 0  dropped 0 overruns 0  carrier 0  collisions 0
```

图 8-12　执行 ifconfig -a 命令

任务 3 测试网络

1．使用 ping 命令测试联通性

ping 命令会向指定的网络主机或网关设备发送特殊网络数据包，即 ICMP 协议的 ECHO_REQUEST 数据包。多数网络设备收到该数据包后会做出回应，通过这种方法可以验证网络连接是否正常。有时从安全角度出发，部分网络通信设备通常会进行配置，忽略这些数据包，因为这样可以降低主机遭受潜在攻击者攻击的可能性。当然，防火墙经常被设置为阻碍 ICMP 通信。

ping 命令的格式如下：

```
ping [option]… destination↓
```

例如，验证本地主机是否可以和 192.168.43.163 的主机进行通信，命令如下：

```
kylin@localhost ~$ ping 192.168.43.163↓
PING 192.168.43.163 (192.168.43.163) 56(84) bytes of data.
64 bytes from 192.168.43.163: icmp_seq=1 ttl=64 time=0.311 ms
64 bytes from 192.168.43.163: icmp_seq=2 ttl=64 time=0.349 ms
64 bytes from 192.168.43.163: icmp_seq=3 ttl=64 time=0.346 ms
64 bytes from 192.168.43.163: icmp_seq=4 ttl=64 time=0.356 ms
64 bytes from 192.168.43.163: icmp_seq=5 ttl=64 time=0.343 ms
64 bytes from 192.168.43.163: icmp_seq=6 ttl=64 time=0.344 ms
^C
--- 192.168.43.163 ping statistics ---
6 packets transmitted, 6 received, 0% packet loss, time 5821ms
rtt min/avg/max/mdev = 0.311/0.341/0.356/0.023 ms
```

程序启动后，ping 命令就会以既定的时间间隔（默认是 1s）传送数据包直到该命令被中断。按组合键 Ctrl+C 可以终止 ping 命令，ping 命令会显示反映运行情况的数据。数据包丢失 0%表示网络运行正常，ping 连接成功则表示网络各组成成员（接口卡、电缆、路由和网关）总体处于良好的工作状态。否则会出现一些失败的信息，例如，ping 一台网络中不存在的主机 192.168.43.165，命令如下：

```
kylin@localhost ~$ ping 192.168.43.165↓
PING 192.168.43.165 (192.168.43.165) 56(84) bytes of data.
From 192.168.43.53 icmp_seq=1 Destination Host Unreachable
From 192.168.43.53 icmp_seq=2 Destination Host Unreachable
From 192.168.43.53 icmp_seq=3 Destination Host Unreachable
……
--- 192.168.43.165 ping statistics ---
8 packets transmitted, 0 received, +6 errors, 100% packet loss, time 7519ms
pipe 3
```

这表示目标主机不可达，数据包全部丢失了。

ping 命令常用的选项如表 8-4 所示。

表 8-4　ping 命令常用的选项

选　项	含　义
-c count	在发送指定数量的 ECHO_REQUEST 包后停止
-i interval	在发送每个数据包之前等待 interval 秒

2．使用 traceroute 命令跟踪网络数据包的传输路径

traceroute 命令会显示数据通过网络从本地主机传输到指定主机过程中所有经过的网络设备的列表。例如，要跟踪从本地主机到 www.baidu.com 过程中经过的站点列表，命令如下：

```
kylin@localhost ~$ traceroute www.baidu.com↓
traceroute to www.baidu.com (220.181.111.188), 30 hops max, 60 byte packets
 1  10.0.151.254 (10.0.151.254)  4.278 ms  4.078 ms  8.205 ms
 2  * * *
……
```

由该列表可知，从本地主机到 www.baidu.com 网站的连接需要经过若干个路由器。对于那些提供身份信息的路由器，此列表则列出了它们的主机名、IP 地址及运行状态信息，这些信息包含了数据从本地系统到路由器 3 次往返的时间。而对于那些因为路由器配置、网络堵塞或防火墙等不提供身份信息的路由器，则直接用星号行表示。

3．使用 netstat 命令查看网络设置及相关统计数据

netstat 命令可以用于查看不同的网络设置及数据。通过使用其丰富的选项，我们可以查看网络启动过程的许多特性。显示信息的类型受控于该命令后的第一个选项。在默认情况下，netstat 命令会显示系统中打开的套接字。如果使用-ie 选项，可以检查系统中的网络接口信息，命令如下：

```
kylin@localhost ~$ netstat -ie↓
Kernel Interface table
eth0      Link encap:Ethernet  HWaddr 00:0C:29:00:01:A4
          inet addr:10.0.151.121  Bcast:10.0.151.255  Mask:255.255.252.0
          inet6 addr: fe80::20c:29ff:fe00:1a4/64 Scope:Link
          UP BROADCAST RUNNING MULTICAST  MTU:1500  Metric:1
          RX packets:208965 errors:0 dropped:0 overruns:0 frame:0
          TX packets:43093 errors:0 dropped:0 overruns:0 carrier:0
          collisions:0 txqueuelen:1000
          RX bytes:280647208 (267.6 MiB)  TX bytes:3971554 (3.7 MiB)
          Interrupt:19 Base address:0x2000

lo        Link encap:Local Loopback
          inet addr:127.0.0.1  Mask:255.0.0.0
          inet6 addr: ::1/128 Scope:Host
          UP LOOPBACK RUNNING  MTU:65536  Metric:1
          RX packets:94 errors:0 dropped:0 overruns:0 frame:0
          TX packets:94 errors:0 dropped:0 overruns:0 carrier:0
          collisions:0 txqueuelen:0
          RX bytes:19992 (19.5 KiB)  TX bytes:19992 (19.5 KiB)
```

其显示的信息与之前介绍的使用 ifconfig 命令返回的信息一致。其中，第一个网络名为 eth0，是以太网接口；第二个网络名为 lo，是系统用来自己访问自己的回环虚拟接口。对网络进行日常诊断，关键是看能否在每个接口信息第四行的开头找到 UP 这个词，以及能否在第二行的 inet addr 字段找到有效的 IP 地址。第四行的 UP 说明该网络接口已被启用，而对于使用动态主机配置协议的系统（DHCP），inet addr 字段里面的有效 IP 地址说明了 DHCP 正在工作。

其他常用的选项如表 8-5 所示，更多选项请参考 netstat 用户手册。

表 8-5　netstat 命令常用的选项

选　　项	长　选　项	含　　义
-r	--route	显示系统路由表
-I	--interfaces=\<Iface>	显示指定接口设备（Iface）列表
-I	--interfaces	显示接口设备列表
-s	--statistics	显示网络统计信息
-e	--extend	显示更多的附加信息
-l	--listening	显示正处于监听状态的服务器套接字

任务 4　包过滤系统

出于安全的考虑，Linux 操作系统都会启用防火墙，数据包在收发的过程中，都会通过防火墙的检查。防火墙技术是有机结合各类用于安全管理与筛选的软件和硬件设备，帮助计算机网络与内、外网之间构建一道相对隔绝的保护屏障，以保护用户资料和信息安全的一种技术。

在通常情况下，管理员需要使用 iptables 命令添加、删除防火墙规则，iptables 命令的语法格式可通过 iptables -help 命令进行查看，其语法格式如下：

```
kylin@localhost ~$ iptables [-t table] command [match] [-j]
```

第一个选项"-t table"能够指定操作的规则表，iptables 内建规则表共有四个，分别为 Filter、NAT、Mangle、Raw，当未指定规则表时，默认使用 Filter 规则表。Filter 规则表拥有 INPUT、FORWARD 和 OUTPUT 三个规则链，用来完成分包过滤的处理动作。NAT 规则表由 PREROUTING 和 POSTROUTING 两个规则链组成，主要完成行一对一、一对多、多对多等网址转换工作。Mangle 规则表由 PREROUTING、FORWARD 和 POSTROUTING 三个规则链组成，除了进行网址转换工作，还能改写封包或设定 MARK（将封包做记号，以进行后续的过滤），效率较低。Raw 规则表由 PREROUTING 和 OUTPUT 两个规则链组成，常用于网址的过滤，因为优先级最高，所以可以在连接跟踪前对收到的数据包进行处理。

iptables 规则表由五个规则链组成，分别为 INPUT、OUTPUT、FORWARD、PREROUTING、POSTROUTING。其中，INPUT 用于处理输入数据包，OUTPUT 用于处理输出数据包，FORWARD 用于处理转发数据包，PREROUTING 用于目标地址转换，POSTROUTING 用于源地址转换。

command 参数用来指定对规则链的操作，如在指定规则链中新增一条规则或删除一条规则等，常用的选项如表 8-6 所示。

表 8-6　command 参数常用的选项

选　项	范　例	含　义
-A	iptables -A INPUT ...	追加规则到指定规则链中
-D	iptables -D INPUT --dport 80 -j DROP	从某个规则链中删除一条规则，可以指定完整规则或规则编号
-R	iptables -R INPUT 1 -s 192.168.0.1 -j DROP	替换指定行规则，规则被替换后不会改变顺序
-I	iptables -I INPUT 1 --dport 80 -j ACCEPT	插入一条规则
-L	iptables -t nat -L	列出指定规则表中的所有规则
-F	iptables -F INPUT	删除指定规则链中的所有规则
-N	iptables -N allowed	定义新的规则链
-X	iptables -X allowed	删除某个规则链

数据在通信系统中传出之前需要将其切割为数据块，这个切割过程称为封包。match 选项主要用来对封包进行匹配，常用的封包选项如表 8-7 所示。

表 8-7　常用的封包选项

选　项	范　例	含　义
-p	iptables -A INPUT -p tcp	匹配通信协议类型是否相符
-s	iptables -A INPUT -s 192.168.1.1	匹配封包的来源 IP 地址
-d	iptables -A INPUT -d 192.168.1.1	匹配封包的目的地 IP 地址
-i	iptables -A INPUT -i ens33	匹配封包的传入网卡，可以使用通配字符"+"来进行大范围匹配，例如：-i eth+

续表

选　　项	范　　例	含　　义
-o	iptables -A FORWARD -o eth0	匹配封包的传出网卡
--sport	iptables -A INPUT -p tcp --sport 22	匹配封包的源端口，可以匹配单一端口，也可以匹配一个范围
--dport	iptables -A INPUT -p tcp --dport 22	匹配封包的目的地的端口号

-j 选项可以指定将要进行的处理动作，常用的处理动作如表 8-8 所示。

表 8-8　常用的处理动作

动　　作	说　　明
ACCEPT	放行封包，之后将不再匹配其他规则
REJECT	拦阻该封包并将可传送的封包通知对方
DROP	将封包丢弃不做任何处理，之后将不再匹配其他规则
REDIRECT	将封包导向到另一个端口，之后会继续匹配其他规则
LOG	将封包相关信息记录在 /var/log 中
SNAT	改写封包来源 IP 地址为某特定 IP 地址或 IP 地址范围
DNAT	改写封包目的地 IP 地址为某特定 IP 地址或 IP 地址范围
MIRROR	镜射封包，也就是将来源 IP 地址与目的地 IP 地址对调后，将封包送回
QUEUE	中断过滤程序，将封包放入队列，交给其他程序处理
RETURN	结束在目前规则链中的过滤程序，返回主规则链，继续过滤
MARK	将封包标上某个代号，以便提供作为后续过滤的条件判断依据

当有数据包传入时，数据包首先会进入 PREROUTING 规则链，内核根据数据包的目的地 IP 地址判断是否需要将数据包转送出去。如果路由判断该数据包进入本机，该包会进入 INPUT 规则链，本机的所有程序都可以发送本数据包，这些数据包会经过 OUTPUT 规则链，然后到达 POSTROUTING 规则链输出。数据包由本机发送出去，先通过路由判断，决定输出路径，再通过 Filter 规则表的 OUTPUT 规则链传送，最终经过 NAT 规则表的 POSTROUTING 规则链输出。数据包的传输过程如图 8-13 所示。

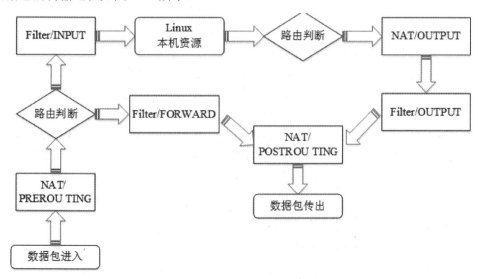

图 8-13　数据包的传输过程

任务 5   远程登录及文件传输

1．使用 SSH 实现远程登录

Linux 操作系统作为服务器操作系统，用户一般不会直接操作服务器，更多时候是通过网络进行远程操控。在早期，登录远程主机可以使用 telnet 命令，但是 Telnet 协议在传输数据时有一个致命的缺点，即所有通信信息（包括用户名和密码）都是以明文的方式传输的，所以它并不适用于互联网时代。

为了解决明文传送的问题，一个被称为 SSH（Secure Shell 的缩写）的新协议应运而生。SSH 协议解决了与远程主机进行安全通信的两个基本问题：第一，该协议能够验证远程主机的身份是否真实，从而避免中间人攻击；第二，该协议将本机与远程主机之间的通信内容全部加密。SSH 协议包括两部分：一个是运行在远程主机上的 SSH 服务端，用来监听端口 22 上可能传送过来的连接请求；另一个是本地系统上的 SSH 客户端，用来与远程服务器进行通信。

多数 Linux 发行版本采用 BSD 项目的 OpenSSH（SSH 的免费开源实现）方法实现 SSH。有些发行版本，如 Red Hat，会默认包含客户端包和服务端包；而有的发行版本，如 Ubuntu，则仅仅提供客户端包。系统想要接收远程连接，就必须安装、配置及运行 OpenSSH-server 软件包，并且设置防火墙允许 TCP 端口 22 上传送进来的网络数据。

ssh 命令用于建立 SSH 客户端程序与远程 SSH 服务器之间的通信，使用非本地系统上的账户名也可以登录远程系统。例如，本地用户 user 在远程系统上有一个 client 账户，user 用户就可以使用下面的命令登录远程系统上的 client 账户：

```
kylin@localhost :~$ ssh  client@10.0.150.137↓
client@10.0.150.137's password:
```

密码输入正确后，远程系统的 shell 提示符便出现了：

```
Last Login:
[client@localhost ~]$
```

第一次尝试连接的时候，因为 SSH 程序从来没有接触过此远程主机，所以会跳出一条"不能确定远程主机真实性"的消息。当出现这条警告消息的时候输入"yes"接受远程主机的身份，一旦建立了连接，就会提示用户输入密码。

使用 ssh 命令与远程主机建立连接后，就建立了一个本地与远程系统之间的加密隧道。该隧道通常用于将在本地系统输入的命令安全地传送给远程系统并将结果安全地传送回来。远程 shell 对话将一直开启着，直到用户在该对话框中输入 exit 命令或按组合键 Ctrl+D 断开与远程系统的连接。连接断开后，本地 shell 会话就会恢复，本地 shell 提示符重新出现。

注意，如果连接失败可能是网络连接的问题，此类问题可以使用 ping 命令来测试。还可能是远程主机的 SSH 服务没有开启或者防火墙屏蔽了 SSH 网络数据，这时就要在服务器端进行设置了。如果确认远程主机安装了 SSH 服务端包，就可以在获取超级权限的情况下，使用 service 命令查看并设置开启 SSH 服务，命令如下：

```
kylin@localhost ~$ service -status-all | grep ssh↓
grep: /proc/fs/nfsd/portlist: No such file or directory
openssh-daemon (pid 7922) is running…
```

以上是 SSH 服务运行的效果，如果看到 openssh-daemon is stopped，则说明 SSH 服务没有开启，开启 SSH 服务的命令如下：

```
kylin@localhost ~$ service sshd start↓
```

```
Starting sshd:                                    [OK]
```

关闭 SSH 服务的命令如下：

```
kylin@localhost ~$ service sshd stop↓
```

2. 使用 scp 和 sftp 进行文件传输

OpenSSH 软件包包含了两个使用 SSH 加密隧道进行网络间文件复制的程序，scp 程序（secure copy）就是其中之一。该命令与普通的文件复制 cp 命令类似，它们之间最大的差别在于 scp 命令的源或目的地路径前面多了远程主机名和冒号。将 hello.c 文件从 10.0.150.137 远程系统中复制到本地系统当前工作目录中，命令如下：

```
kylin@kylinVM:~$ scp kylin@10.0.150.137:/root/Desktop/hello.c .↓
kylin@10.0.150.137's password:
hello.c                          100%   4    0.0KB/s  00:00
kylin@kylinVM:~$
```

输入密码后，文件将被复制到本地系统的当前工作目录中。与 ssh 命令一样，如果不是使用本地系统的用户名登录远程系统，就需在远程主机名前添加将要登录的远程系统的账户名。

另外一个 SSH 文件复制程序是 sftp。顾名思义，它是 ftp 程序的安全版本。sftp 程序使用 SSH 加密隧道传输信息而不是以明文方式传输信息。sftp 与传统的 ftp 相比，还有一个优点，就是它并不需要在远程主机上运行 FTP 服务器，仅仅需要运行 SSH 服务器。这就意味着任何与 SSH 客户端连接的远程主机都可以被当成 FTP 服务器使用。下面就是一个简单的会话实例：

```
kylin@kylinVM:~$ sftp kylin@10.0.150.137↓
Connecting to 10.0.150.137…
kylin@10.0.150.137's password:
sftp> ls↓
Desktop       anaconda-ks.cfg       install.log          install.log.syslog
sftp> cd Desktop↓
sftp> ls↓
a        hello.c    hello.c~
sftp> get hello.c↓
Fetching /root/Desktop/hello.c to hello.c
/root/Desktop/hello.c            100%   4    0.0KB/s  00:00
sftp> put hello.java↓
Uploading hello.java to /root/Desktop/hello.java
hello.java                       100%  310   0.3KB/s  00:00
sftp> ls↓
a        hello.c    hello.c~    hello.java
sftp> bye↓
kylin@kylinVM:~$
```

这个会话中，sftp kylin@10.0.150.137 是与远程主机建立的连接，输入正确的密码后完成登录，此时提示符变成 sftp。在 sftp 中可以执行相关命令，get 命令用来从远程主机下载文件，put 命令用来向远程主机上传文件，bye 命令用来结束会话。

本章小结

本章介绍了 Linux 操作系统中基本网络配置的方法和网络测试的相关内容，这些方法都是在使用 Linux 操作系统的过程中常用的。还介绍了如何使用 SSH 服务安全地远程登录服务器及安全地传输文件，因为服务器的维护人员很少直接在服务器上进行操作，大多数情况下是通过远程登录的方式进行操作的。

练习题

1. 简述 TCP/IP 模型及协议栈。
2. 如何使用命令配置以太网接口？
3. 简述 Linux 操作系统中常用的网络服务和网络客户端。

第9章

软件包管理

如果你经常访问 Linux 社区，那么针对众多 Linux 发行版本中哪一版是最好的这一问题，一定听说过诸多观点。其实，决定 Linux 发行版本质量一个非常重要的因素是软件包系统和支持该发行版本的社区的活力。Linux 软件的研究相当活跃。要想同步这些日新月异的软件，我们就需要好的工具进行软件包管理。软件安装之后还需要进一步的配置，才能发挥作用。

任务 1　了解软件包系统

软件包系统提供一种在系统上安装、维护软件的方法。目前，很多人通过安装 Linux 经销商发布的软件包来满足他们所有的软件需求。这与早期的 Linux 形成了鲜明的对比。因为在 Linux 早期，想要安装软件必须先下载源代码，再对其进行编译。这并不是说编译源代码不好，源代码的公开正是 Linux 吸引人的一大亮点。编译源代码使用户可以自主检查、提升系统，只是使用预先编译的软件包会更快、更容易。

不同的 Linux 发行版本使用不同的软件包系统，并且在原则上，适用于一种发行版本的软件包与其他版本是不兼容的。多数 Linux 发行版本采用的不外乎两种软件包技术，即 Debian 的.deb 技术和 Red Hat 的.rpm 技术。多数版本采取的是表 9-1 中所列的两个基本软件包系统。

表 9-1　基本软件包系统

软件包系统	发行版本（只列举部分）
Debian（.deb 技术）	Debian，Ubuntu，麒麟
Red Hat（.rpm 技术）	Fedora，CentOS，Red Hat Enterprise Linux

1. 软件包的工作方式

在非开源软件产业中，给系统安装一个新应用，通常需先购买"安装光盘"之类的安装介质，然后运行安装向导进行安装。Linux 并不是这样。事实上，Linux 的软件都可以在网上找到，并且多数软件是以软件包的形式由发行商提供的，其余软件则以可手动安装的源代码形式存在。

2. 包文件

包文件是组成软件包系统的基本软件单元，它是由组成软件包的文件压缩而成的文件集。一个包文件可能包含大量的程序及支持这些程序的数据文件，包含安装文件，也包含包文件自身及其内容的文本说明之类的软件包元数据。此外，许多软件包中还包含安装软件包前后执行配置任务的安装脚本。包文件通常由软件包维护者创建，该维护者通常是发行商的职员。软件包维护者从上游供应商获得软件源代码，然后进行编译，并创建软件包的元数据及其他必需的安装脚本。软件包维护者通常会在初始源代码上进行部分修改，从而提高该软件包与对应 Linux 发行版本的兼容性。

3．库

虽然一些软件项目选择自己包装和分销，但是如今多数软件包均由发行商或感兴趣的第三方创建。Linux 用户可以从其使用的 Linux 版本的中心库中获得软件包。所谓的中心库，一般包含了成千上万的软件包，而且每个软件包都是专门为该发行版本建立和维护的。

4．依赖关系

几乎没有程序是独立的，程序之间相互依赖并完成既定工作。一些共有的操作，比如输入、输出操作，就是由多个程序共享的例程执行的。这些例程存储在共享库中，共享库中的文件为多个程序提供必要的服务。如果一个软件包需要共享库之类的共享资源，说明其具有依赖性。现代软件包管理系统都提供依赖性解决策略，从而确保用户在安装软件包的同时也安装其所有的依赖关系。

任务 2　使用 apt 命令进行包管理

使用 apt-get 命令需要配置好软件源，软件源可以是本地源，也可以是远程的 FTP 服务器或 HTTP 服务器。软件源配置文件为/etc/apt/sources.list。银河麒麟操作系统默认各个版本已经设置好 HTTP 源，建议不要修改官方源配置路径。查看系统软件源配置，命令如下：

```
cat /etc/apt/sources.list
deb [trusted=1] file:///media/kylin/ v101 main
####上述配置为本地软件源
deb http://archive.kylinos.cn/yhkylin/ juniper main restricted universe multiverse
####此为 HTTP 服务器软件源
deb  ftp://192.168.1.1/ubuntu/kylin/kord-juniper/  juniper  main  restricted  universe
multiverse
####此为 FTP 服务器软件源
#######具体的配置参数依据实际而定
```

示例：本地源设置——设置虚拟机光驱使用系统安装镜像，并调整设备状态为已连接，如图 9-1 所示。

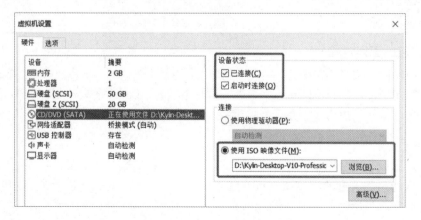

图 9-1　设置虚拟机光驱使用系统安装镜像

系统启动后，光盘镜像会自动挂载到/media 目录下，如图 9-2 所示。

```
root@kylin-ly-machine:~# df -h
文件系统        容量  已用  可用 已用% 挂载点
udev            936M     0  936M    0% /dev
tmpfs           196M  1.2M  195M    1% /run
/dev/sda5        17G   11G  5.1G   68% /
tmpfs           979M     0  979M    0% /dev/shm
tmpfs           5.0M  4.0K  5.0M    1% /run/lock
tmpfs           979M     0  979M    0% /sys/fs/cgroup
/dev/sda1       976M  129M  780M   15% /boot
/dev/sda7        12G   49M   11G    1% /data
tmpfs           196M   40K  196M    1% /run/user/1001
/dev/sdb1       4.9G   20M  4.6G    1% /data/disk2
/dev/sr0        3.5G  3.5G     0  100% /media/kylin/Kylin-Desktop-V10-Professional
root@kylin-ly-machine:~#
```

图 9-2　光盘镜像挂载到/media 目录下

如果想要添加本地源，就可以这个挂载点路径进行设置。

使用 apt-cdrom 命令添加本地挂载镜像，如下所示：

```
apt-cdrom -m -d=/media/kylin add
现把/media/kylin/Kylin-Desktop-V10-SP1/ 作为了 CD-ROM 的挂载点
正在鉴别…[9e9e226f76468ae8e252f380d3dfa772-2]
正在盘片中查找索引文件…
找到了 4 个软件包索引、0 个源代码包索引、0 个翻译索引和 0 个数字签名
这张盘片现在的名字是：
"Kylin _V101_ -Build amd64 LIVE Binary 20210326-19:44"
Reading Package Indexes…完成
正在写入新的源列表
对应于该盘片的软件源设置项是：
deb cdrom:[Kylin _V101_ - Build amd64 LIVE Binary 20210326-19:44]/ v101 main multiverse
restricted universe
请对您的盘片套件中的其他盘片重复相同的操作
```

查看 vim /etc/apt/sources.list 文件，可以看到，麒麟桌面版本系统的提示信息“#本文件由源管理器管理，会定期检测与修复，请勿修改本文件”，所以桌面版本的源文件会定期恢复原始状态，原始文档里面的源路径为麒麟官方资源，能够保证软件包系统正常使用，如图 9-3 所示。

```
# 本文件由源管理器管理，会定期检测与修复，请勿修改本文件
deb cdrom:[Kylin _V101_ - Build amd64 LIVE Binary 20210722-14:57]/ v101 main multiverse restricted universe
deb http://archive.kylinos.cn/kylin/KYLIN-ALL 10.1 main universe multiverse restricted
deb http://archive2.kylinos.cn/deb/kylin/production/PART-V10-SP1/custom/partner/V10-SP1 default all
```

图 9-3　系统提示信息

apt-get 命令的语法格式如下：

```
apt-get [选项] 子命令 包列表
```

常用选项如表 9-2 所示。

表 9-2　apt-get 命令常用的选项

选　项	功　能
-d	仅下载软件包，而不安装或解压缩
-f	修复系统中存在的软件包依赖性问题
-m	当发现缺少关联软件包时，仍试图继续执行
-q	将输出作为日志保留，不获取命令执行进度
-y	对所有询问都作肯定的回答，不再进行任何提示
-u	获取已升级的软件包列表
-h	获取帮助信息

选　　项	功　　能
-v	获取 apt-get 版本号
-reinstall	与 install 子命令一起使用，重新安装软件包
-purge	与 remove 子命令一起使用，卸载软件包，且删除配置文件

常用的子命令如表 9-3 所示。

表 9-3　apt-get 命令常用的子命令

选　　项	功　　能
update	下载更新软件包列表信息
upgrade	将系统中所有的软件包升级到最新版本
install	下载所需软件包并进行安装配置
remove	卸载软件包
autoremove	将不满足依赖关系的软件包自动卸载
source	下载源码包
build-dep	为源码包构建所需的编译环境
dist-upgrade	发布升级版
clean	删除缓存区中所有已下载的包文件

源文件修改好以后，可以进行下一步操作。

更新系统源，命令如下：

```
kylin@localhost ~$ sudo apt-get update↓
```

执行结果如图 9-4 所示。

```
root@kylin-ly-machine:~# root@kylin-ly-machine:~# sudo apt-get update
命中:1 http://archive.kylinos.cn/kylin/KYLIN-ALL 10.1 InRelease
命中:2 http://archive.kylinos.cn/kylin/partner 10.1 InRelease
正在读取软件包列表... 完成
root@kylin-ly-machine:~#
```

图 9-4　更新系统源

卸载软件包，命令如下：

```
kylin@localhost ~$ sudo apt-get remove tree -y↓
```

执行结果如图 9-5 所示。

```
root@kylin-ly-machine:~# sudo apt-get remove tree -y
正在读取软件包列表... 完成
正在分析软件包的依赖关系树
正在读取状态信息... 完成
下列软件包是自动安装的并且现在不需要了：
  archdetect-deb cryptsetup cryptsetup-bin gconf2-common gir1.2-javascriptcoregtk-4.0 gir1.2-webkit2-4.0 libdebian-installer4
  libgconf-2-4 libyaml-cpp0.6 localechooser-data network-manager-config-connectivity-ubuntu user-setup
使用'sudo apt autoremove'来卸载它(它们)。
下列软件包将被【卸载】：
  tree
升级了 0 个软件包，新安装了 0 个软件包，要卸载 1 个软件包，有 4 个软件包未被升级。
解压缩后将会空出 115 kB 的空间。
(正在读取数据库 ... 系统当前共安装有 205076 个文件和目录。)
正在卸载 tree (1.8.0-1) ...
正在处理用于 man-db (2.9.1-1kylin0k1) 的触发器 ...
root@kylin-ly-machine:~#
```

图 9-5　卸载软件包

在系统的/etc/apt/sources.list 文件中，根据不同的版本填入以下内容：

```
#V10 版本
deb http://archive.kylinos.cn/kylin/KYLIN-ALL 10.0 main restricted universe multiverse
```

```
deb http://archive.kylinos.cn/kylin/partner juniper main
#4.0.2 桌面版本
deb http://archive.kylinos.cn/kylin/KYLIN-ALL  4.0.2-desktop  main  restricted  universe
multiverse
#4.0.2-sp1 桌面版本
deb http://archive.kylinos.cn/kylin/KYLIN-ALL 4.0.2sp1-desktop main restricted  universe
multiverse
#4.0.2-sp2 桌面版本
deb http://archive.kylinos.cn/kylin/KYLIN-ALL 4.0.2sp2-desktop main restricted universe
multiverse
#4.0.2 服务器版本
deb http://archive.kylinos.cn/kylin/KYLIN-ALL  4.0.2-server  main  restricted  universe
multiverse
#4.0.2-sp1 服务器版本
deb http://archive.kylinos.cn/kylin/KYLIN-ALL 4.0.2sp1 -server main restricted universe
multiverse
#4.0.2-sp2 服务器版本
deb http://archive.kylinos.cn/kylin/KYLIN-ALL 4.0.2sp2-server main restricted universe
multiverse
#4.0.2-sp2 FT2000+服务器版本
deb http://archive.kylinos.cn/kylin/KYLIN-ALL 4.0.2sp2-server-ft2000 main      restricted
universe multiverse
#4.0.2-sp3 版本
Deb http://archive.kylinos.cn/kylin/KYLIN-ALL   4.0.2sp3  main  restricted  universe
multiverse
```

任务 3　yum 包管理命令的使用方法

通过本任务我们将演示如何在终端环境中使用包管理命令安装软件，以安装 Nginx 为例演示安装过程。Nginx 是一款轻量级的 Web 服务器、反向代理服务器及电子邮件（IMAP/POP3）代理服务器，在 BSD-like 协议下发行，其特点是占有内存少，并发能力强。

执行 yum install nginx -y 命令，安装 Nginx：

```
kylin@localhost ~$ sudo yum install nginx -y↓
```

执行结果如图 9-6 所示。

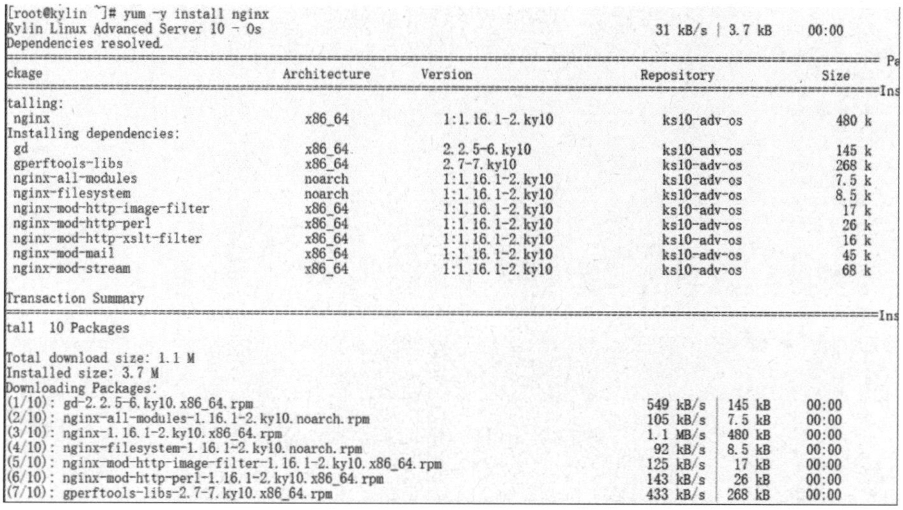

图 9-6　安装 Nginx

安装中小型企业 LNMP 架构环境，命令如下：

```
kylin@localhost ~$ sudo yum install nginx php php-devel php-mysql mariadb mariadb-server
-y↓
```

执行结果如图 9-7 所示。

```
[root@kylin ~]# yum install nginx php php-devel mariadb mariadb-server -y
Last metadata expiration check: 0:02:54 ago on 2021年04月20日 星期二 16时34分28秒.
Package nginx-1:1.16.1-2.ky10.x86_64 is already installed.
Dependencies resolved.
================================================================================
 Package              Architecture   Version                Repository      Size
================================================================================
Installing:
 mariadb              x86_64         3:10.3.9-8.ky10        ks10-adv-os     6.1 M
 mariadb-server       x86_64         3:10.3.9-8.ky10        ks10-adv-os      18 M
 php                  x86_64         7.2.10-3.ky10          ks10-adv-os     1.4 M
 php-devel            x86_64         7.2.10-3.ky10          ks10-adv-os     657 k
Installing dependencies:
 apr                  x86_64         1.6.5-4.ky10           ks10-adv-os     104 k
 apr-util             x86_64         1.6.1-11.ky10          ks10-adv-os     111 k
 autoconf             noarch         2.69-30.ky10           ks10-adv-os     610 k
 automake             noarch         1.16.1-6.ky10          ks10-adv-os     453 k
 gcc-c++              x86_64         7.3.0-20190804.h30.ky10 ks10-adv-os    8.1 M
 httpd                x86_64         2.4.34-17.p02.ky10     ks10-adv-os     1.3 M
 httpd-filesystem     noarch         2.4.34-17.p02.ky10     ks10-adv-os     9.5 k
 httpd-tools          x86_64         2.4.34-17.p02.ky10     ks10-adv-os      69 k
 libstdc++-devel      x86_64         7.3.0-20190804.h30.ky10 ks10-adv-os    1.1 M
 libtool              x86_64         2.4.6-32.ky10          ks10-adv-os     583 k
 mariadb-common       x86_64         3:10.3.9-8.ky10        ks10-adv-os      28 k
 mariadb-errmessage   x86_64         3:10.3.9-8.ky10        ks10-adv-os     196 k
 mod_http2            x86_64         1.10.20-4.ky10         ks10-adv-os     126 k
```

图 9-7 安装中小型企业 LNMP 架构环境

卸载 ntpdate 软件包，命令如下：

```
kylin@localhost ~$ sudo yum remove ntpdate -y↓
```

执行结果如图 9-8 所示。

```
[root@kylin ~]# yum remove ntpdate -y
Dependencies resolved.
================================================================================
 Package       Architecture   Version                Repository        Size
================================================================================
Removing:
 ntp           x86_64         4.2.8p13-5.ky10        @ks10-adv-os      1.8 M

Transaction Summary
================================================================================
Remove  1 Package

Freed space: 1.8 M
Running transaction check
Transaction check succeeded.
Running transaction test
Transaction test succeeded.
Running transaction
  Preparing        :                                                      1/1
  Running scriptlet: ntp-4.2.8p13-5.ky10.x86_64                           1/1
Failed to stop ntpd.service: Unit ntpd.service not loaded.
Failed to stop ntpdate.service: Unit ntpdate.service not loaded.
Failed to stop sntp.service: Unit sntp.service not loaded.

  Erasing          : ntp-4.2.8p13-5.ky10.x86_64                           1/1
  Running scriptlet: ntp-4.2.8p13-5.ky10.x86_64                           1/1
  Verifying        : ntp-4.2.8p13-5.ky10.x86_64                           1/1

Removed:
  ntp-4.2.8p13-5.ky10.x86_64

Complete!
```

图 9-8 卸载 ntpdate 软件包

查找 rz 命令的提供者，命令如下：

```
kylin@localhost ~$ sudo yum provides rz↓
```

执行结果如图 9-9 所示。

```
[root@kylin ~]# yum provides rz
Last metadata expiration check: 0:00:48 ago on 2021年04月20日 星期二 16时38分26秒.
lrzsz-0.12.20-46.ky10.x86_64 : Free x/y/zmodem implementation
Repo        : ks10-adv-os
Matched from:
Filename    : /usr/bin/rz
```

图 9-9　查找 rz 命令的提供者

升级所有可更新的软件包或升级 Linux 内核，命令如下：

```
kylin@localhost ~$ sudo yum update -y↓
```

执行结果如图 9-10 所示。

```
[root@kylin ~]# yum update -y
Last metadata expiration check: 0:01:23 ago on 2021年04月20日 星期二 16时38分26秒.
Dependencies resolved.
Nothing to do.
Complete!
[root@kylin ~]# date
2021年 04月 20日 星期二 16:40:16 CST
[root@kylin ~]#
```

图 9-10　升级所有可更新的软件包或升级 Linux 内核

任务 4　使用源码包安装 Nginx

源码包安装一般不区分 U 系还是 R 系，此部分我们以 Nginx 安装包为例进行演示，全部代码及步骤如下：

```
cd /usr/local/usr
wget http://nginx.org/download/nginx-1.16.0.tar.gz
tar -zxvf  nginx-1.16.0.tar.gz
cd nginx-1.16.0/
./configure --prefix=/usr/local/nginx
make
make install
/usr/local/nginx/sbin/nginx -v
/usr/local/nginx/sbin/nginx
```

切换到/usr/local/src 目录，使用 wget 命令下载安装包，如图 9-11 所示。

```
root@kylin-ly-machine:/usr/src# !wget
wget http://nginx.org/download/nginx-1.16.0.tar.gz
--2021-04-18 20:52:10--  http://nginx.org/download/nginx-1.16.0.tar.gz
正在解析主机 nginx.org (nginx.org)... 52.58.199.22, 3.125.197.172, 2a05:d014:edb:5702::6, ...
正在连接 nginx.org (nginx.org)|52.58.199.22|:80... 已连接.
已发出 HTTP 请求，正在等待回应... 200 OK
长度: 1032345 (1008K) [application/octet-stream]
正在保存至: "nginx-1.16.0.tar.gz"

nginx-1.16.0.tar.gz        100%[===================================>]   1008K   497KB/s   用时 2.0s

2021-04-18 20:52:13 (497 KB/s) - 已保存 "nginx-1.16.0.tar.gz" [1032345/1032345])
```

图 9-11　下载安装包

解压缩源码包，如图 9-12 所示。

```
root@kylin-ly-machine:/usr/src# tar -zxvf nginx-1.16.0.tar.gz
nginx-1.16.0/
nginx-1.16.0/auto/
nginx-1.16.0/conf/
nginx-1.16.0/contrib/
nginx-1.16.0/src/
nginx-1.16.0/configure
nginx-1.16.0/LICENSE
nginx-1.16.0/README
nginx-1.16.0/html/
```

图 9-12　解压缩源码包

进入解压缩目录，开始预编译，如图 9-13 所示。

```
root@kylin-ly-machine:/usr/src# cd nginx-1.16.0/
root@kylin-ly-machine:/usr/src/nginx-1.16.0# ls
auto  CHANGES  CHANGES.ru  conf  configure  contrib  html  LICENSE  man  README  src
root@kylin-ly-machine:/usr/src/nginx-1.16.0# ./configure --pre
--prefix=
root@kylin-ly-machine:/usr/src/nginx-1.16.0# ./configure --pre
--prefix=
root@kylin-ly-machine:/usr/src/nginx-1.16.0# ./configure --prefix=/usr/local/nginx
checking for OS
 + Linux 5.4.18-23-generic x86_64
checking for C compiler ... found
 + using GNU C compiler
 + gcc version: 9.3.0 (Ubuntu 9.3.0-17kylin1~20.04)
checking for gcc -pipe switch ... found
checking for -Wl,-E switch ... found
checking for gcc builtin atomic operations ... found
```

图 9-13　开始预编译

进入/usr/src/nginx-1.16.0 目录，使用 make 命令，开始编译，如图 9-14 所示。

```
root@kylin-ly-machine:/usr/src/nginx-1.16.0# make
make -f objs/Makefile
make[1]: 进入目录 "/usr/src/nginx-1.16.0"
cc -c -pipe  -O -W -Wall -Wpointer-arith -Wno-unused-parameter -Werror -g  -I src
ix -I objs \
        -o objs/src/core/nginx.o \
        src/core/nginx.c
cc -c -pipe  -O -W -Wall -Wpointer-arith -Wno-unused-parameter -Werror -g  -I src
ix -I objs \
        -o objs/src/core/ngx_log.o \
        src/core/ngx_log.c
```

图 9-14　开始编译

编译完成后，使用 make install 命令进行安装，如图 9-15 所示。

```
root@kylin-ly-machine:/usr/src/nginx-1.16.0# make install
make -f objs/Makefile install
make[1]: 进入目录 "/usr/src/nginx-1.16.0"
test -d '/usr/local/nginx' || mkdir -p '/usr/local/nginx'
test -d '/usr/local/nginx/sbin' \
        || mkdir -p '/usr/local/nginx/sbin'
test ! -f '/usr/local/nginx/sbin/nginx' \
        || mv '/usr/local/nginx/sbin/nginx' \
                '/usr/local/nginx/sbin/nginx.old'
cp objs/nginx '/usr/local/nginx/sbin/nginx'
```

图 9-15　安装

安装完成后，输入以下命令查看软件版本，如图 9-16 所示。

```
kylin@localhost ~$ sudo /usr/local/nginx/sbin/nginx -v↓
```

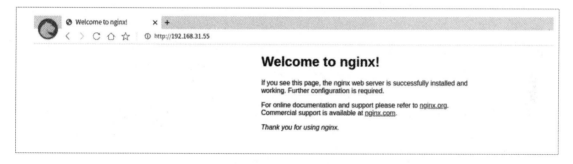

```
make[1]: 离开目录 "/usr/src/nginx-1.16.0"
root@kylin-ly-machine:/usr/src/nginx-1.16.0# /usr/local/nginx/
conf/ html/ logs/ sbin/
root@kylin-ly-machine:/usr/src/nginx-1.16.0# /usr/local/nginx/sbin/nginx -v
nginx version: nginx/1.16.0
```

图 9-16   查看软件版本

启动 Nginx 服务，查看运行状态，如图 9-17 所示。

```
root@kylin-ly-machine:/usr/src/nginx-1.16.0# /usr/local/nginx/sbin/nginx
root@kylin-ly-machine:/usr/src/nginx-1.16.0# netstat -ltnp
激活Internet连接 (仅服务器)
Proto Recv-Q Send-Q Local Address        Foreign Address      State      PID/Program name
tcp       0      0 0.0.0.0:8751          0.0.0.0:*            LISTEN     651/kyseclogd
tcp       0      0 0.0.0.0:80            0.0.0.0:*            LISTEN     14480/nginx: master
tcp       0      0 127.0.0.53:53         0.0.0.0:*            LISTEN     653/systemd-resolve
tcp       0      0 0.0.0.0:22            0.0.0.0:*            LISTEN     918/sshd: /usr/sbin
tcp       0      0 127.0.0.1:631         0.0.0.0:*            LISTEN     719/cupsd
tcp6      0      0 :::22                 :::*                LISTEN     918/sshd: /usr/sbin
tcp6      0      0 ::1:3350              :::*                LISTEN     909/xrdp-sesman
tcp6      0      0 ::1:631               :::*                LISTEN     719/cupsd
tcp6      0      0 :::3389               :::*                LISTEN     1023/xrdp
```

图 9-17   启动 Nginx 服务并查看运行状态

访问 Nginx 默认网页，能够正常访问，说明安装成功，如图 9-18 所示。

Welcome to nginx!

If you see this page, the nginx web server is successfully installed and
working. Further configuration is required.

For online documentation and support please refer to nginx.org.
Commercial support is available at nginx.com.

Thank you for using nginx.

图 9-18   运行成功

本章小结

本章介绍了在 Linux 操作系统中软件包的相关概念及两种软件包的管理方式。Linux 软件基于开放源代码的思想，当程序的开发者发布了某产品的源代码后，很有可能会有一个与之相关的人打包该产品，并将其添加到该发行版本的库中。这种做法可以使该产品与发行版本有很好的兼容性。

练习题

1. apt 命令常用的选项及子命令有哪些？
2. 如何创建本地库？

第10章

磁盘管理与文件搜索

已经学习 Linux 操作系统这么长时间了，相信大家有一点已经很清楚，就是 Linux 操作系统中包含非常多的文件。这就自然产生一个问题：我们应该怎样查找文件？虽然我们已经知道，Linux 文件系统良好的组织结构源自类 UNIX 的操作系统的传承，但是文件的数量就会引起可怕的问题。所以在本章，我们将介绍在 Linux 操作系统中搜索文件的工具，以及与文件搜索相关的处理搜索结果中文件列表的命令。

任务 1　磁盘管理

Linux 磁盘管理的好坏直接关系到整个系统的性能。Linux 磁盘管理常用 3 个命令是 df、du 和 fdisk。其中，df 命令的主要功能是列出文件系统的整体磁盘使用量；du 命令的主要功能是检查磁盘空间使用量；fdisk 命令主要用于磁盘分区。

使用 df 命令可以获取硬盘被占用了多少空间，目前还剩下多少空间等信息。df 命令的语法格式如下：

```
kylin@kylinVM:~$ df [-ahikHTm] [目录或文件名]↵
```

df 命令常见的选项如表 10-1 所示。

表 10-1　df 命令常见的选项

选　　项	含　　义
-a	列出所有的文件系统，包括系统特有的/proc 等文件系统
-k	以 KB 的容量显示各文件系统
-m	以 MB 的容量显示各文件系统
-h	以人们较易阅读的 GB、MB、KB 等格式自行显示
-H	以 MB=1000KB 取代 MB=1024KB 的进位方式
-T	显示文件系统的类型，也列出 partition 的 filesystem 名称（如 ext3）
-i	不使用硬盘容量，而以 inode 的数量来显示

du 命令也是用来查看使用空间的，但是与 df 命令不同的是，du 命令查看的是文件和目录磁盘使用的空间，与 df 命令有一些区别，du 命令的语法格式如下：

```
kylin@kylinVM:~$ du [-ahskm] 文件或目录名称↵
```

直接输入 du 没有加任何选项时，du 命令会分析当前所在目录的文件与目录占用的硬盘空间。du 命令常见的选项如表 10-2 所示。

表 10-2　du 命令常见的选项

选　项	含　义
-a	列出所有的文件与目录容量，因为默认仅统计目录下的文件量
-h	以人们较易读的容量格式（GB 或 MB）显示
-s	列出总量，但不列出每个目录占用的容量
-S	不包括子目录下的总计，与-s 有些区别
-k	以 KB 的容量显示
-m	以 MB 的容量显示

Linux 设备文件名用字母表示不同的设备接口。/dev/hda 表示第 1 个 IDE 通道（IDE1）的主设备（master），/dev/hdb 表示第 1 个 IDE 通道的从设备（slave）。原则上 SCSI、SAS、SATA、USB 硬盘接口的设备文件名均以/dev/sd 开头。SATA 硬盘类似于 SCSI，在 Linux 操作系统中用类似于/dev/sda 这样的设备名表示。同类文件应使用同样的后缀或扩展名。磁盘的分区样式有 MBR 与 GPT 两种，其中 MBR 最多可以支持 4 个磁盘分区，GPT 最多可以支持 128 个主分区且无须创建扩展分区或逻辑分区。

Linux 磁盘分区的文件名需要在磁盘设备文件名后加上分区编号。IDE 硬盘分区采用/dev/hdxy 这样的形式命名。SCSI、SAS、SATA、USB 硬盘分区以/dev/sdxy 这样的形式命名。在管理磁盘的过程中，主要需要进行 3 步操作：对磁盘进行分区；在磁盘分区上建立相应的文件系统，这个过程称为建立文件系统或者格式化；建立挂载点目录，将分区挂载到系统相应目录下，就可以访问该文件系统。

fdisk 是一个磁盘分区表操作工具，fdisk 可以在两种模式下运行。非交互式语法如下：

```
kylin@kylinVM:~$ sudo fdisk [选项] <磁盘设备名>↵
```

或者如下：

```
kylin@kylinVM:~$ sudo fdisk [选项] -l [<磁盘设备名>]↵
```

如果在执行 fdisk 命令时不使用任何选项，以磁盘设备名为参数运行 fdisk 就可以进入交互模式。在 fdisk 的交互模式执行 t 命令改变分区类型。执行 l 命令查询 Linux 支持的分区类型号码及其对应的分区类型。改变分区类型后，执行 w 命令保存并退出。在 fdisk 的交互模式下执行 d 命令指定要删除的分区编号，执行 w 命令使之生效。使磁盘分区的任何修改生效必须执行 w 命令保存修改结果。执行 q 命令退出 fdisk，当前所有操作均不会生效。

创建好分区后就可以在分区上创建文件系统了，创建文件系统通常使用 mkfs 工具，其语法格式为：

```
kylin@kylinVM:~$ sudo mkfs [选项] [-t 文件系统类型] [文件系统选项] 磁盘设备名 [大小]↵
```

mkfs 只是不同文件系统创建工具（如 mkfs.ext2、mkfs.ext3、mkfs.ext4、mkfs.msdos）的一个前端。对于新创建的文件系统，可以使用-f 选项强制检查。

任务 2　挂载、卸载外部存储设备

外部存储设备就是指不属于计算机内部（硬盘等）的存储设备。此类存储设备一般在断电后仍然可以保存数据。常见的外部存储设备有 U 盘、光盘、软盘、移动硬盘等。与 Windows 操作系统不同，在 Linux 操纵系统中没有分区的概念，它没有像 Windows 操作系统中的 C:\、D:\这样的分区，在 Linux 操作系统中，只有一个文件系统树，所有设备都连接这个树的不同节点。

Linux 操作系统把像磁盘这样的存储设备识别成块设备文件，管理存储设备要将该设备添加到文件系统树中，从而允许操作系统操作这个设备，这个过程被称为挂载。设备被添加到文件系统树上的目录就是这个设备的挂载点，挂载后对于存储介质的读/写访问就和访问普通目录一样了。Linux 操作系统能够挂载许多类型的文件系统，如 ext3、ext4、FAT、FAT32、NTFS、ISO9660 等。

在 Linux 操作系统的图形用户界面下，设备的挂载一般是在成功连接后自动进行的，但在像服务器这类没有图形用户界面的系统中，通常有一些特殊的存储需求和配置要求，所以在这类系统中，管理存储设备很大程度上是手动完成的。

例如，U 盘这样的可移动存储设备会经常被使用，在 Linux 字符界面中使用 U 盘需要先进行挂载，使用完成后要进行卸载。挂载 U 盘首先要确认 U 盘的格式是 Linux 操作系统可识别的文件系统。在 Windows 操作系统中常用的有 vfat 和 ntfs，而 Linux 操作系统中常用的有 ext2、ext3、nfs 等，采用这些文件系统的移动设备都可以被识别。

在插入 U 盘之前，查看系统中有哪些分区，查看分区可以使用 less 命令来查看/etc/partitions 文件的内容，执行结果如下：

```
kylin@kylinVM:~$ less /proc/partitions↓
major minor  #blocks  name
   8     0   20971520 sda
   8     1     512000 sda1
   8     2   20458496 sda2
 253     0   18358272 dm-0
 253     1    2097152 dm-1
```

在 shell 界面下，插入 U 盘后，会在屏幕上显示以下信息，这些信息在不同的系统中可能会有所不同：

```
kylin@kylinVM:~$ sd 3:0:0:0: [sdb] Assuming drive cache: write through
sd 3:0:0:0: [sdb] Assuming drive cache: write through
sd 3:0:0:0: [sdb] Assuming drive cache: write through
```

这说明内核已经检测到这个设备了，此时按回车键或组合键 Ctrl+C 回到命令提示符界面。再次查看/etc/partitions 文件的内容，可以发现文件的最后增加了两行信息：

```
kylin@kylinVM:~$ less /proc/partitions↓
major minor  #blocks  name
   8     0   20971520 sda
   8     1     512000 sda1
   8     2   20458496 sda2
 253     0   18358272 dm-0
 253     1    2097152 dm-1
8     16    1957888 sdb
8     17    1957856 sdb1
```

此时可以通过 fdisk 命令配合-l 选项查看这个设备的信息，命令如下：

```
kylin@kylinVM:~$ fdisk -l↓
……
Disk /dev/sdb: 2004 MB, 2004877312 bytes
255 heads, 63 sectors/track, 243 cylinders
Units = cylinders of 16065 * 512 = 8225280 bytes
Sector size (logical/physical): 512 bytes / 512 bytes
I/O size (minimum/optimal): 512 bytes / 512 bytes
Disk identifier: 0x0005d8e0

   Device Boot      Start         End      Blocks   Id  System
```

```
/dev/sdb1    *        1       244    1957856+   6  FAT16
Partition 1 has different physical/logical endings:
    phys=(242, 254, 63) logical=(243, 190, 11)
```

在返回信息的最后，可以找到 sdb 相关的内容，以上信息说明刚刚插入的 U 盘的设备名称是/dev/sdb，而/dev/sdb1 就是这个设备的第一个分区，该设备的文件系统是 FAT16。在获得设备名后就可以将这个设备挂载到文件系统的某个目录上了。

挂载使用 mount 命令，语法格式如下：

```
kylin@kylinVM:~$ mount [选项] [设备名称] [挂载点]↓
```

在进行挂载时，挂载点需要是一个已存在的目录，这个目录可以不为空，但挂载后这个目录下以前的内容将暂时不可用，直到该设备被卸载。使用 mount 命令进行挂载需要超级权限，例如，要将该设备挂载到 user 的主目录的 udisk 目录下，命令如下：

```
kylin@kylinVM:~$ sudo mkdir udisk↓
kylin@kylinVM:~$ sudo mount -t vfat /dev/sdb1 udisk↓
```

完成挂载后，就可以进入 udisk 目录，使用 ls 命令查看 U 盘中的文件了。这时对 U 盘中文件的访问就和访问普通文件一样了。在挂载过程中，首先创建了一个目录 udisk 作为 U 盘的挂载点，然后切换到管理员权限执行 mount 命令。mount 命令的-t 选项用来指明要挂载的 U 盘的文件系统类型，通过上面使用 fdisk -l 命令查看可知，U 盘的文件系统类型在这里是 vfat。如果不知道 U 盘的文件系统类型，可以将 vfat 替换为 auto，此时系统会自动识别 U 盘的文件系统类型。后面是 U 盘的设备名称，最后是挂载点。在这里，挂载点使用的是相对路径，当然也可以使用绝对路径，即/home/user/udisk，效果相同。

在完成对 U 盘的操作后，不能直接拔出 U 盘，需要先卸载 U 盘。注意：千万不要直接拔出 U 盘，否则有可能对 U 盘造成损坏。卸载 U 盘使用 umount 命令，执行 umount 命令也需要超级权限，卸载 U 盘的命令如下：

```
kylin@kylinVM:~$ sudo umount udisk↓
```

在卸载 U 盘时，只需要在命令后写明挂载点，但是要注意，当前工作目录不能在挂载点目录下，否则会提示设备忙碌，卸载失败。此时只要将当前工作目录切换到挂载点目录之外的目录再进行操作。其他设备如光盘、移动硬盘、SD 卡等的挂载和卸载过程与 U 盘类似，读者可以自行尝试，在此不再过多介绍。

任务 3 使用 locate 命令搜索文件

locate 命令通过快速搜索数据库来寻找路径名与给定字符串相匹配的文件，同时输出所有匹配结果。例如，查找名称中包含 zip 字符串的文件，命令如下：

```
kylin@localhost ~$ locate zip↓
/bin/gunzip
/bin/gzip
……
```

有时搜索需求并不是这么简单，这时可以使用 locate 命令结合其他命令，如 grep 命令，实现一些更复杂的搜索，例如：

```
kylin@localhost ~$ locate zip | grep usr↓
/usr/bin/bunzip2
/usr/bin/bzip2
……
```

任务 4 使用 find 命令搜索文件

locate 命令查找文件仅仅依据文件名，而 find 命令则依据文件的各种属性在既定的目录及其子目录中查找。

find 命令最简单的用法就是用户给定一个或更多目录名作为其搜索范围。例如，使用 find 命令列出当前系统主目录（~）下的文件列表清单，命令如下：

```
kylin@localhost ~$ find ~↓
```

对于一些比较活跃的用户，系统内的文件一般会比较多，使用上述命令输出的列表很长。不过列表信息是以标准形式输出的，所以可以直接将此输出结果作为其他程序的输入。例如，使用 wc 程序计算 find 命令搜索到的文件的总量，命令如下：

```
kylin@localhost ~$ find ~ | wc -l↓
6414
```

find 命令的好处就是可以用来搜索符合特定要求的文件，它通过综合应用 tests 选项、actions 选项及 options 选项，实现高级文件搜索。但要注意，这里的 tests 选项、actions 选项及 options 选项表示的是 find 命令的一类选项，而不是某个选项。

1. tests 选项

查找主目录中的目录文件，我们可以添加下面的 tests 选项达到此目的，命令如下：

```
kylin@localhost ~$ find ~ -type d | wc -l↓
189
```

添加 tests 选项-type d 可以将搜索范围限制为目录，而下面例子中使用-type f 表示只对普通文件进行搜索，命令如下：

```
kylin@localhost ~$ find ~ -type f | wc -l↓
6237
```

find 命令支持的常用文件类型如表 10-3 所示。

表 10-3 find 命令支持的常用文件类型

文件类型	描 述
b	块设备文件
c	字符设备文件
d	目录
f	普通文件
l	符号链接

此外，我们还可以通过添加其他 tests 选项实现依据文件大小和文件名的搜索。例如，查找系统根目录下所有符合*.JPG 通配符格式以及大小超过 1MB 的普通文件，命令如下：

```
kylin@localhost ~$ find / -type f -name "*.JPG" -size +1M | wc -l↓
13
```

本例中添加的-name"*.JPG"表示查找的是符合.JPG 通配符格式的文件。注意，这里将通配符括在双引号中是为了避免 shell 路径名扩展。另外，添加的-size +1M 前面的加号表示查找的文件大小比给定数值 1M 大，若字符串前面是减号，则代表查找的文件大小比给定数值小，没有符号则表示查找的文件大小与给定值完全相等。末尾的 M 是计量单位 MB（兆字节）的简写，每个字母与特定计量单位的对应关系如表 10-4 所示。

表 10-4　字母与特定计量单位的对应关系

字　　母	单　　位
b	512 字节的块（默认值）
c	字节
w	两字节的字
k	KB，每单位 1024 字节
M	MB，每单位 1024KB
G	GB，每单位 1024MB

find 命令支持多种 tests 选项，注意，前面所讲述的"+"和"-"的用法适用于所有用到数值参数的情况。

find 命令常用的 tests 选项如表 10-5 所示，了解其他相关内容可以查看 find 命令的 man 手册页。

表 10-5　find 命令常用的 tests 选项

选　　项	功能描述
-empty	匹配空文件及空目录
-iname pattern	与-name test 功能类似，只是不区分大小写
-mmin n	匹配 n 分钟前内容被修改的文件或目录
-mtime n	匹配 n*24 小时前只有内容被修改的文件或目录
-name pattern	匹配有特定通配符模式的文件或目录
-newer file	匹配内容的修改时间比 file 文件更近的文件或目录。注意，这在编写 shell 脚本进行文件备份的时候非常有用。每次创建备份时，先更新某个文件（如日志），再用 find+此选项来确定上一次更新后哪个文件改变了
-size n	匹配 n 大小的文件
-type c	匹配 c 类型的文件
-user name	匹配属于 name 用户的文件和目录。name 可以描述为用户名也可以描述为该用户的 ID
-perm	匹配文件权限，如-perm 644

即使拥有了 find 命令提供的所有 tests 选项，我们仍然需要一个更好的工具来描述 tests 选项之间的逻辑关系。例如，如果我们需要确定某目录下是否所有的文件和子目录都有安全访问权限，该怎么办？原则上就是去查找那些访问权限不是 0600 的文件和访问权限不是 0700 的子目录。幸运的是，find 命令的 tests 选项可以结合逻辑操作从而建立具有复杂逻辑关系的匹配条件。我们可以使用下面的命令行来满足上述 find 命令的匹配搜索：

```
kylin@localhost ~$ find ~ \( -type f -not -perm 0600 \) -or \( -type d -not -perm 0700 \)
↓
```

以上命令从全局的角度看可以认为是"find~ 表达式"的形式，其中的表达式又由一个或操作符（-or）和两个子表达组成，这两个子表达式由括号括起来。多个检测条件和逻辑操作符一起组成更长的表达式，而()是用来区分逻辑表达式优先权的。在默认的情况下，find 命令从左向右运算逻辑值，然而有时为了获得想要的结果必须扰乱默认的执行顺序，即便不需要，将一串字符表达式括起来对提高命令的可读性也很有帮助。注意，括号在 shell 环境中有特殊意义，所以必须将它们在命令行中用引号引起来，这样才能作为 find 命令的参数传递。通常用反斜杠来避免这样的问题。find 命令的逻辑操作符及功能描述如表 10-6 所示。

表 10-6　find 命令的逻辑操作符及功能描述

操 作 符	功能描述
-and	查找使该操作符两边的检验条件都是真的匹配文件。注意，如果两个检测条件之间没有显式的操作符，and 就是默认的逻辑关系
-or	查找使该操作符任何一边的检测条件为真的匹配文件
-not	查找使该操作符后面的检测条件为假的匹配文件

　　我们查找的是具有某种权限设置的文件和另外一种权限设置的目录。既然要同时查找文件和目录，为什么不使用 and 而使用 or？因为 find 命令在浏览扫描所有的文件和目录时，会判断每个文件或目录是否匹配该 tests 选项。我们的目标是具有不安全访问权限的文件或具有不安全访问权限的目录，但匹配者不可能既是文件又是目录，所以不能使用 and 逻辑操作符。

　　接下来的问题就是如何判断文件或目录具有"危险"权限。事实上，我们并不需要直接寻找"危险"权限的文件或目录，而是查找那些具有"不好"权限的文件或目录，因为我们知道什么是"好"权限。对文件来说，权限 0600 表示"好"（安全），而对目录来说，权限 0700 表示"好"。于是，判断具有"不好"访问权限的文件的表达式如下：

```
-type f -and -not -perm 0600
```

　　同样，判断具有"不好"访问权限的目录的表达式如下：

```
-type d -and -not -perm 0700
```

　　and 操作是默认的，所以可以移除，把表达式整理到一起，命令如下：

```
find - (-type f -not -perm 0600) -or (-type d -not -perm 0700)
```

　　由于括号在 shell 环境下有特殊含义，所以我们必须对它们进行转义，以防 shell 试图编译它们，在每个括号前加上反斜杠就可解决此问题。

　　逻辑运算符的另外一个特性也很值得大家了解，有如下两个被逻辑操作符分开的表达式：

```
expr1 -operator expr2
```

　　在任何情况下，表达式 expr1 都会被执行，而中间的操作符将决定表达式 expr2 是否被执行。表 10-7 列出了以上表达式的执行情况。

表 10-7　表达式的执行情况

expr1 的结果	逻辑操作符	expr2 的执行情况
真	and	执行
假	and	不执行
真	or	不执行
假	or	执行

　　这是为了提高效率，以-and 逻辑运算为例，很明显表达式 expr1 -and expr2 的值在 expr1 为假的情况下不可能为真，所以就没有必要再去运算表达式 expr2 了。同样，对于表达式 expr1 -or expr2，在表达式 expr1 为真的情况下其逻辑值为真，所以就没有必要再去运算表达式 expr2 了。

2．actions 选项

　　前面 find 命令已经查找到了需要的文件，但是我们真正想做的是处理这些查找到的文件。幸运的是，find 命令允许直接对搜索结果执行动作。对搜索到的文件进行操作，可以使用很多预定义动作指令，也可以使用用户自定义的动作。首先来看一些预定义动作，如表 10-8 所示。

表 10-8 find 命令的预定义动作

动　作	功能描述
-delete	删除匹配文件
-ls	对匹配文件执行 ls 操作，以标准格式输出其文件名及所要求的其他信息
-print	将匹配文件的全路径以标准形式输出。当没有指定任何具体操作时，该操作是默认操作
-quit	一旦匹配成功就退出

与 tests 选项相比，actions 选项数量更多，可以参考 find 命令的 man 手册页获取更全面的信息。本任务开头所举的第一个例子 find ~，此命令产生了一个包含当前系统主目录中所有文件和子目录的列表。该列表之所以会在屏幕上显示出来，是因为在没有指定其他操作的情况下，-print 动作是默认操作。因此，上述命令等效于 find ~ -print。

删除满足特定条件的文件可以使用 find 命令。示例如下，此命令用于删除以.BAK（这种文件一般是用来指定备份文件的）结尾的文件。

```
kylin@localhost ~$ find / -type f -name "*.BAK" -delete↓
```

在本例中，用户主目录及其子目录下的每个文件都被搜索了一遍，匹配文件名以.BAK 结尾的文件。一旦找到匹配文件，就直接删除该文件。

在使用-delete 动作时一定要格外小心。最好先使用-print 动作确认搜索结果，再使用-delete 动作删除命令。

现在来考虑一下 find / -type f -name "*.BAK" -print 这个命令中逻辑运算是如何影响 find 命令的 actions 选项的。该命令用来查找所有文件名以.BAK 结尾的普通文件（-type f），并且以标准形式（-print）输出每个匹配文件的相关路径名。然而，该命令以这样的方式执行是由每个 tests 选项和 actions 选项的逻辑关系决定的。每个 tests 选项和 actions 选项之间默认的逻辑关系是与（and）逻辑。下面命令的逻辑关系能看得更清楚些：

```
kylin@localhost ~$ find / -type f -and -name "*.BAK" -and -print↓
```

当-type f 和-name "*.BAK" 都匹配时，也就是文件是普通文件并且文件名以.BAK 结尾时，才会执行-print；当-type f 匹配，也就是当文件是普通文件时，才会执行-name "BAK"；而-type f 总是被执行。

tests 选项与 actions 选项之间的逻辑关系决定了它们的执行情况，所以 tests 选项和 actions 选项的顺序很重要。例如，如果重新排列这些 tests 选项和 actions 选项，并将-print 操作作为逻辑运算的第一个操作，那么命令的执行结果将会有很大的不同：

```
kylin@localhost ~$ find / -print -and -type f -and -name "*.BAK"↓
```

此命令行会把每个文件显示出来（因为-print 操作运算值总是为真），然后对文件类型及特定的文件扩展名进行匹配检查。

除了已有的预定义动作命令，用户也可以任意调用想要执行的命令，传统的方法就是使用-exec 操作，命令格式如下：

```
-exec command { } ;
```

command 表示要执行的命令名，{}花括号代表的是当前路径，而分号作为必需的分隔符表示命令结束。使用-exec 命令完成-delete 操作的示例如下：

```
-exec rm '{}' ';'
```

由于括号和分号字符在 shell 环境下有特殊含义，所以在输入命令行时，要将它们用引号引起来或用转义符隔开。

3. options 选项

options 选项用于控制 find 命令的搜索范围。在构成 find 命令的表达式时，它们可能包含在其他测试选项或行为选项之中。表 10-9 列出了常用的 options 选项。

表 10-9   find 命令常用的 options 选项

选 项	功能描述
-depth	引导 find 命令在处理目录前先处理目录内文件。当指定-delete 动作时，该选项会自动调用
-maxdepth levels	当执行测试条件行为时，设置 find 命令陷入目录的最大级别数
-mindepth levels	当执行测试条件行为时，设置 find 命令陷入目录的最小级别数
-mount	引导 find 命令不遍历挂载在其他文件系统上的目录

任务 5   使用 which 命令搜索命令所在的目录及别名信息

which 命令的作用是，在 PATH 变量指定的路径中，搜索某个系统命令的位置，并且返回第一个搜索结果。也就是说，使用 which 命令，可以看到某个系统命令是否存在，以及执行的到底是哪一个位置的命令。

命令格式如下：

```
kylin@localhost ~$ which [文件…]↓
```

which 命令常用的 options 选项如表 10-10 所示。

表 10-10   which 命令常用的 options 选项

选 项	功能描述
-n	指定文件名的长度，指定的长度必须大于或等于所有文件中最长的文件名
-p	与-n 参数相同，但此处包括了文件的路径
-w	指定输出时栏位的宽度
-V	显示版本信息

注意，which 命令是根据使用者配置的 PATH 变量内的目录搜索可运行文件的，所以，不同的 PATH 配置，使用 which 命令找到的命令是不一样的。

任务 6   使用 whereis 命令搜索命令所在的目录及帮助文档路径

whereis 命令用于查找文件。该命令会在特定目录中查找符合条件的文件。这些文件只能是二进制文件、源文件和 man 手册页，一般文件的定位需使用 locate 命令。其工作原理为，whereis 命令首先会去掉 filename 中的前缀空格和以.开头的任何字符，然后在数据库（var/lib/slocate/slocate.db）中查找与上述处理后的 filename 相匹配的二进制文件、源文件和帮助手册文件，使用 whereis 命令之前可以使用 updatedb 命令手动更新数据库。

命令格式如下：

```
kylin@localhost ~$ whereis [-bfmsu][-B <目录>…][-M <目录>…][-S <目录>…][文件…]↓
```

whereis 命令常用的选项如表 10-11 所示。

表 10-11 whereis 命令常用的选项

选　项	功能描述
-b	只查找二进制文件
-B<目录>	只在设置的目录下查找二进制文件
-f	不显示文件名前的路径
-m	只查找帮助手册文件
-M<目录>	只在设置的目录下查找帮助手册文件
-s	只查找源文件
-S<目录>	只在设置的目录下查找源文件
-u	查找不包含指定类型的文件

任务 7　使用 grep 命令在文件中搜寻字符串

grep 命令用于查找文件里符合条件的字符串。如果发现某文件的内容符合所指定的范本样式，grep 命令会把含有范本样式的那一列显示出来。如果不指定任何文件名，或给予的文件名为"-"，则 grep 命令会从标准输入设备读取数据。

命令格式如下：

```
kylin@localhost ~$ grep [选项] "模式" [文件]↓
```

grep 命令常用的选项如表 10-12 所示。

表 10-12 grep 命令常用的选项

选　项	功能描述
-E	开启扩展（Extend）的正则表达式
-i	忽略大小写（ignore case）
-v	反过来（invert），只打印没有匹配的，而匹配的不打印
-n	显示行号
-w	被匹配的文本只能是单词，而不能是单词中的某一部分，如文本中有 liker，而搜索的只是 like，就可以使用-w 选项来避免匹配 liker
-c	显示总共匹配到了多少行，而不显示匹配到的内容，注意，如果同时使用-c 和-v 选项则显示有多少行没有被匹配到
-o	只显示被模式匹配到的字符串
--color	将匹配到的内容高亮显示
-A n	显示匹配到的字符串所在的行及其后 n 行
-B n	显示匹配到的字符串所在的行及其前 n 行
-C n	显示匹配到的字符串所在的行及其前后各 n 行

直接输入要匹配的字符串，可以用 fgrep 命令（fast grep）代替 grep 命令来提高查找速度，比如匹配 hello.c 文件中 printf 的个数，命令如下：

```
kylin@localhost ~$ fgrep -c "printf" hello.c↓
```

如果要匹配的字符串需要使用正则表达式表示，就需要使用 grep 命令。正则表达式（regular expression）描述了一种字符串匹配的模式，可以用来检查一个字符串是否含有某个子串、将匹配的子串替换或从某个字符串中取出符合某个条件的子串等。例如：

hell+o 可以匹配 hello、hellllo、helllllllo 等，"+"代表前面的字符必须至少出现 1 次（1 次或多次）。

hell*o 可以匹配 helo、hello、helllo 等，"*"代表前面的字符可以不出现，也可以出现 1 次或多次（0 次、1 次或多次）。

hell?o 可以匹配 helo 或 hello，"?"代表前面的字符最多可以出现 1 次（0 次或 1 次）。

构造正则表达式的方法和创建数学表达式的方法一样。也就是用多种元字符与运算符将小的表达式结合在一起来创建更大的表达式。正则表达式的组件可以是单个字符、字符集合、字符范围、字符间的选择或这些组件的任意组合。

正则表达式是由普通字符（如字符 a~z）及特殊字符（称为"元字符"）组成的文字模式，描述在搜索文本时要匹配的一个或多个字符串。正则表达式作为一个模板，将某个字符模式与搜索的字符串进行匹配。

正则表达式普通字符常见的匹配方式如表 10-13 所示。普通字符包括没有显式指定为元字符的所有可打印和不可打印字符，包括所有大写字母、小写字母、所有数字、所有标点符号和一些其他符号。

表 10-13　正则表达式普通字符常见的匹配方式

语　　法	描　　述
[ABC]	匹配 [] 中的所有字符，例如 [aeiou] 匹配字符串"google runoob taobao"中所有的 e、o、u、a
[^ABC]	匹配除了[] 中字符的所有字符，例如 [^aeiou] 匹配字符串"google runoob taobao"中除 e、o、u、a 外的所有字母
[A-Z]	[A-Z] 表示匹配所有大写字母，[a-z] 表示匹配所有小写字母
.	匹配除换行符（\n、\r）外的任何单个字符，相等于 [^\n\r]
\w	匹配字母、数字、下画线，等价于 [A-Za-z0-9_]

正则表达式特殊字符常见的匹配方式如表 10-14 所示。特殊字符就是一些有特殊含义的字符，如上面说的"*"，简单地说，它表示任何字符串。如果要查找字符串中的"*"符号，就需要对"*"进行转义，即使用 \: hell*o 匹配 hell*o。

表 10-14　正则表达式特殊字符常见的匹配方式

语　　法	描　　述
$	匹配输入字符串的结尾位置。要匹配"$"字符本身，请使用"\$"
( )	标记一个子表达式的开始和结束位置。子表达式可以被获取供以后使用。要匹配这些字符，请使用"\("和"\)"
*	匹配前面的子表达式零次或多次。要匹配"*"字符本身，请使用"*"
+	匹配前面的子表达式一次或多次。要匹配"+"字符本身，请使用"\+"
.	匹配除换行符"\n"外的任何单字符。要匹配"."字符本身，请使用"\."
[	标记一个方括号表达式的开始。要匹配"["字符本身，请使用"\["
?	匹配前面的子表达式零次或一次，或指明一个非贪婪限定符。要匹配"?"字符本身，请使用"\?"
\	将下一个字符标记为或特殊字符、或原义字符、或向后引用、或八进制转义符。例如，"n"匹配字符"n"，"\n"匹配换行符，"\\"匹配"\"，"\("匹配"("
^	匹配输入字符串的开始位置，除非在方括号表达式中使用。当该符号在方括号表达式中使用时，表示不接受该方括号表达式中的字符集合。要匹配"^"字符本身，请使用"\^"
{	标记限定符表达式的开始。要匹配"{"字符本身，请使用"\{"
|	指明两项之间的一个选择。要匹配"|"字符本身，请使用"\\|"

正则表达式限定符常见的匹配方式如表 10-15 所示。限定符用来指定正则表达式的一个给

定组件必须出现多少次才能满足匹配。有 "*" "+" "?" "{n}" "{n,}" "{n,m}" 共 6 种。

表 10-15　正则表达式限定符常见的匹配方式

语　法	描　述
*	匹配前面的子表达式零次或多次。例如，"zo*" 能匹配 "z" 和 "zoo"。"*" 等价于 "{0,}"
+	匹配前面的子表达式一次或多次。例如，"zo+" 能匹配 "zo" 和 "zoo"，但不能匹配 "z"。"+" 等价于 "{1,}"
?	匹配前面的子表达式零次或一次。例如，"do(es)?" 可以匹配 "do" "does" 中的 "does"，"doxy" 中的 "do"。"?" 等价于 "{0,1}"
{n}	n 是一个非负整数，表示匹配确定的 n 次。例如，"o{2}" 不能匹配 "Bob" 中的 "o"，但是能匹配 "food" 中的两个 "o"
{n,}	n 是一个非负整数，表示至少匹配 n 次。例如，"o{2,}" 不能匹配 "Bob" 中的 "o"，但能匹配 "fooooood" 中的所有 "o"。"o{1,}" 等价于 "o+"，"o{0,}" 等价于 "o*"
{n,m}	m 和 n 均为非负整数，n <= m 表示最少匹配 n 次且最多匹配 m 次。例如，"o{1,3}" 将匹配 "fooooood" 中的前 3 个 "o"。"o{0,1}" 等价于 "o?"。注意，在逗号和两个数之间不能有空格

正则表达式定位符常见的匹配方式如表 10-16 所示。定位符能够将正则表达式固定到行首或行尾。我们还能使正则表达式出现在一个单词内、一个单词的开头或一个单词的结尾。定位符用来描述字符串或单词的边界，"^" 和 "$" 分别指字符串的开始与结束，"\b" 描述单词的前或后边界，"\B" 表示非单词边界。

表 10-16　正则表达式定位符常见的匹配方式

语　法	描　述
^	匹配输入字符串开始的位置
$	匹配输入字符串结尾的位置。如果设置了 RegExp 对象的 Multiline 属性，"$" 还会与 "\n" 或 "\r" 之前的位置匹配
\b	匹配一个单词边界，即字符与空格间的位置
\B	匹配非单词边界

注意：不能将限定符与定位符一起使用。由于在紧靠换行或单词边界的前面或后面不能有一个以上的位置，因此不允许 "^*" 之类的表达式。如果匹配一行文本开始位置的文本，请在正则表达式的开始位置使用 "^" 字符。不要将 "^" 的这种用法与方括号表达式内的用法混淆。如果匹配一行文本的结束位置的文本，请在正则表达式的结束位置使用 "$" 字符。

本章小结

本章介绍了在 Linux 操作系统中如何快速地查找需要的文件，其中介绍了两个命令，一个是 locate，该命令短小精悍，可以对文件进行快速查找；另外一个是 find，该命令功能强大，可以根据文件的属性进行查找，并对符合要求的文件进行批量处理，但用法也比较复杂。

练习题

1. 在给定文件中查找与设定条件相符字符串的命令是什么？
2. 根据文件或目录名称搜索的命令是什么？

3．根据文件大小搜索的命令是什么？

4．根据所有者和所属组群搜索的命令是什么？

5．根据时间属性搜索的命令是什么？

6．根据文件类型搜索的命令是什么？

第11章

编译程序

Linux 操作系统是一个自由开源的操作系统，在 Linux 操作系统中运行的很多软件也是开源的，这些开源的软件有的只提供源代码下载，用户需要在本机上进行编译后才可以运行，当然也有一些软件提供编译好的软件包，用户可以直接安装。此外，很多项目需要在 Linux 操作系统上开发，这时就需要我们自己编译、测试、运行这些项目。无论如何，在 Linux 操作系统上编译程序是很重要的技能，我们需要熟练掌握。

任务1 了解编译过程

简单来说，编译就是一个将源代码（由程序员编写的人类可读的程序描述）翻译成计算机处理器能识别的语言的过程。

计算机处理器（CPU）在一个非常基础的层次上工作，只能运行被称为机器语言的程序。而机器语言其实就是一些数值代码，它描述的都是一些非常小的操作，比如"增加某字节""指向内存中某个位置""复制某字节"等，并且都是以二进制（0 和 1）的形式表示的。最早的计算机程序就是使用这样的数值代码编写的。

汇编语言使用如 CPY（复制）、MOV（转移）等更容易的助记符取代了数值代码，汇编语言编写的程序由汇编程序（assembler）处理成机器语言。如今，汇编语言仍然用于某些专门的编程任务，如设备驱动、嵌入式系统等。

之后出现了高级编程语言，被称为高级语言是因为它们可以让程序员少关注些处理器的操作细节而把更多的精力集中在解决手头的问题上。现在流行的编程语言有很多，其中，C 语言和 C++是多数现代系统采用的编程语言。在下面的内容中，我们编译了一个 C 语言程序作为例子进行讲解。

使用高级编程语言编写的程序通过编译器转换为机器语言。有些编译器先将高级语言程序转换为汇编语言，再将汇编语言转换为机器语言。经常与编译一起使用的步骤就是链接。程序执行着许多共同的任务。例如，向屏幕上输出一些字符信息，每个程序都采用自己的方式实现该功能是一种浪费，编写一个用于打开文件的单个程序并允许其他程序共享它更有意义。提供这种通用任务支持功能的就是库，库中包含了多个例程，每个例程实现的都是许多程序能够共享的任务。在/lib 和/usr/lib 目录中，我们可以发现很多这样的程序。链接器（linker）程序可以实现编译器的输出与编译程序需要的库之间的链接，该操作的最后结果就是生成一个可使用的可执行文件。程序编译的一般过程如图 11-1 所示。

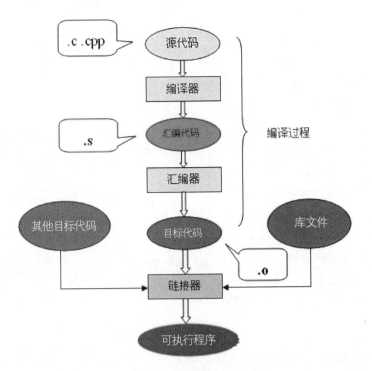

图 11-1　程序编译的一般过程

　　并不是所有的程序都需要编译，有些程序，如 shell 脚本文件，可以直接运行而不需要编译，这些文件都是用脚本或解释型语言编写的，这些语言在近些年来越来越受欢迎，其中就有 Perl、Python、PHP、Ruby 等。

　　脚本语言由一个被称为解释器的特殊程序来执行，解释器负责输入程序文件并执行程序文件包含的所有指令。通常来讲，解释型程序要比编译后的程序执行得慢。这是因为在解释型程序中，每条源代码指令在执行时都要重新翻译一次。然而在编译后的程序中，每条源代码指令只翻译一次，并且翻译结果将永久地记录到生成的可执行文件中。

　　为什么解释型语言如此受欢迎呢？其实对于许多日常的编程工作，解释型程序的执行速度也是足够的，其真正的优点在于开发解释型程序更简单、更迅速。程序开发总是经历着这样一个循环——编码、编译和测试。随着程序规模的逐渐扩大，编译时间也逐渐变长。解释型程序则省略了编译这一过程，加速了程序的开发。

任务 2　编译单个 C 语言程序文件

　　现在我们使用 C 语言对单个程序源文件进行编译，代码如下：

```
#include <stdio.h>
int  main()
{
printf("hello world!\n");
return 0;
}
```

　　在执行编译操作前，需要一些工具，如编译器、链接器、make 等。GCC 是 Linux 环境中通用的 C 语言编译器，最初是由 Richard Stallman 编写的。GCC 可以编译多种语言，包括 C、

C++、Objective-C、Java 等。

大多数 Linux 发行版本会默认安装 GCC，我们可以使用下面的命令行查看系统是否安装了 GCC，命令如下：

```
kylin@localhost ~$ apt show gcc↓
Package: gcc
Version: 4:9.3.0-11.185.1kylin2k6
Priority: optional
Section: devel
Source: gcc-defaults (1.185.1kylin2k6)
Origin: Ubuntu
Maintainer: Debian GCC Maintainers <debian-gcc@lists.debian.org>
Bugs: https://bugs.launchpad.net/ubuntu/+filebug
Installed-Size: 51.2 kB
Provides: c-compiler, gcc-x86-64-linux-gnu (= 4:9.3.0-11.185.1kylin2k6)
Depends: cpp (= 4:9.3.0-11.185.1kylin2k6), gcc-9 (>= 9.3.0-3~)
Recommends: libc6-dev | libc-dev
Suggests: gcc-multilib, make, manpages-dev, autoconf, automake, libtool, flex, bison, gdb,
gcc-doc
Conflicts: gcc-doc (<< 1:2.95.3)
X-Raw-MD5sum: be7f1a090cdb06a311983b254d2a7c04
cert_subject_cn: 麒麟软件有限公司
cert_subject_o: 麒麟软件有限公司
……
```

可以看到，当前系统中已经安装了 GCC，如果你的系统中没有安装 GCC，可以自行安装。

在这里我们以"hello world"为例，来介绍 GCC 的使用方法。

首先，在主目录创建一个目录来保存我们的源文件并将工作目录切换至该目录，命令如下：

```
kylin@localhost ~$ mkdir sourcecode↓
kylin@localhost ~$ cd sourcecode↓
```

然后在该目录中创建一个新的文本文档，并在其中编写 C 语言源程序并保存，将文本文档命名为 hello.c。将 hello.c 编译成一个可执行文件，命令如下：

```
kylin@localhost ~/sourcecode$ gcc hello.c -o hello↓
kylin@localhost ~/sourcecode$ ls -l↓
-rwxr-xr-x. 1 root root 4647 Dec 20 11:40 hello
-rw-r--r--. 1 root root   72 Dec 20 11:29 hello.c
```

如果编译过程没有报错，使用 ls 命令可以看到，在当前目录下，生成了一个可执行文件 hello，现在就可以运行这个可执行文件了，运行的方法是在 shell 中输入以下命令：

```
kylin@localhost ~/sourcecode$ ./hello↓
hello world!
```

输入"./"表示当前目录，shell 在执行程序的时候分两种情况：如果用户给出了命令路径，shell 就沿着用户给出的路径查找，如果找到，则调入内存执行，否则输出提示信息；如果用户没有给出命令路径，shell 就在 PATH 环境变量指定的路径中查找，如果找到，则调入内存执行，否则输出提示信息。我们编译出来的 hello 程序在/root/sourcecode 目录中，该目录不是 PATH 环境变量设置的路径，所以我们需要指定命令路径。有关如何设置 PATH 环境变量的内容，请读者查看本书 shell 脚本编程章节中的相关内容。

这里我们使用了 GCC 的-o 选项来指定输出文件的文件名，如果不使用该选项，则默认输出一个名为 a.out 的可执行文件。

任务 3　分步编译单个 C 语言程序文件

我们在调用 GCC 进行编译的过程中，其实经历了预处理（Preprocessing）、编译（Compilation）、汇编（Assembly）和链接（Linking）这几个步骤。在默认情况下，这几个步骤是一气呵成的，我们也可以在其中的任意一个环节停下来，查看编译过程中中间文件的内容，这对我们了解编译过程有很大帮助。下面，我们将分 4 个步骤重新编译任务 2 中的文件。

1．预处理

对源文件进行预处理，命令如下：

```
kylin@localhost ~/sourcecode$ gcc -E hello.c -o hello.i↓
```

命令执行后生成 hello.i 文件，使用 GCC 的-E 选项使 GCC 在完成预处理后停下来，不继续编译，输出的文件是预处理后的源文件，在这里我们将其命名为 hello.i。查看 hello.i 文件的内容可以使用 less 命令。在本例中，预处理结果就是将 stdio.h 文件中的内容插入 hello.c，替换了#include <stdio.h>这条语句。

2．编译

执行编译命令，将预处理文件编译成汇编文件，命令如下：

```
kylin@localhost ~/sourcecode$ gcc -S hello.i -o hello.s↓
```

命令执行后生成 hello.s 文件，GCC 的-S 选项表示在程序编译期间，在生成汇编代码后停止，-o 选项表示输出汇编代码文件。查看 hello.s 文件的内容可以使用 less 命令，可以发现，在 hello.s 文件中的代码是汇编语言写成的代码。

3．汇编

执行编译命令，将汇编文件编译成目标文件，命令如下：

```
kylin@localhost ~/sourcecode$ gcc -c hello.s -o hello.o↓
```

命令执行后生成 hello.o 文件，GCC 的-c 选项表示编译或汇编源文件后停止，不进行链接，该过程为每个源文件生成一个目标文件。如果不指定输出文件的文件名，在默认情况下会生成一个与源文件同名的扩展名为.o 的目标文件。在本例中，执行 gcc -c hello.s 命令，可以得到 hello.o 文件。

4．链接

将目标文件链接成可执行文件，命令如下：

```
kylin@localhost ~/sourcecode$ gcc hello.o -o hello↓
```

命令执行后生成 hello 可执行文件，GCC 链接器负责将程序的目标文件与所需的所有附加的目标文件链接成可执行文件。

任务 4　编译多个程序文件

在一般情况下，我们不会把所有的代码写到一个源文件中，更多的时候是把不同模块、实现不同功能的代码放到多个源文件中，这时编译程序就需要对源文件分别编译，最后链接成一个可执行程序。例如，在 sourcecode 目录下创建一个 compare.c 文件，文件中的内容如下：

```
int max(int a,int b){
```

```
if(a>b) return a;
else return b;
    }
```

修改 hello.c 文件的内容，其中，main()函数要调用 compare.c 文件中定义的 max 函数，hello.c 文件的内容如下：

```
 #include <stdio.h>
 int main(){
printf("%d\n",max(5,10));
return 0;
 }
```

现在要编译这两个文件，就需要分别编译，步骤及命令如下。

1. 将源代码编译成目标文件

```
kylin@localhost ~/sourcecode$ gcc -c hello.c↓
kylin@localhost ~/sourcecode$ gcc -c compare.c↓
```

也可以将以上命令合并为 gcc -c hello.c compare.c，编译之后得到两个目标文件，分别是 hello.o 文件和 compare.o 文件。

2. 链接成可执行文件

```
kylin@localhost ~/sourcecode$ gcc hello.o compare.o -o hello↓
```

链接之后得到可执行文件 hello。

任务 5 创建静态库

静态库是一些.o 文件的集合，它们是由编译程序按照通常的方式生成的。将程序链接到静态库中的目标文件和将程序链接到目录中的目标文件是一样的。静态库的另一个名字是归档文件，而管理这些归档文件的工具被称为 ar。ar 程序可以创建、修改和提取归档文件，归档文件是包含其他文件集合的单个文件，可以在其中检索原始的单个文件。原始文件的内容、模式（权限）、时间戳、所有者和组群等信息都保存在归档文件中，并且可以在提取时恢复。

创建一个静态库，最基本的一步是编译静态库中的目标模块。例如，以下两个源文件名为 max.c 和 min.c，文件中的内容如下：

```
//max.c
int max(int a,int b)
{
    if(a>b) return a;
    else return b;
}
//min.c
int min(int a,int b)
{
    if(a>b) return b;
    else return a;
}
```

将这两个源文件编译成目标文件，命令如下：

```
kylin@localhost ~/sourcecode$ gcc -c max.c min.c↓
```

这样就可以得到两个独立的目标文件 max.o 和 min.o。再使用 ar 的-r 选项，创建新的静态库，并将目标文件插入其中。如果静态库中不存在目标模块，就会将它加入文档（如果必要，也会替换原来的目标模块)。创建名为 libcompare.a 的静态库,其中包含本例的两个目标文件 max.o 和 min.o,命令如下:

```
kylin@localhost ~/sourcecode$ ar -r libcompare.a max.o min.o↓
ar: creating libcompare.a
```

现在静态库已经创建完成,可以使用了,我们在 hello.c 中调用该静态库中定义的函数:

```
//hello.c
#include <stdio.h>
int max(int a,int b);
int min(int a,int b);
int main()
{
    printf("%d\n",max(5,10));
    printf("%d\n",min(3,7));
    return 0;
}
```

通过在命令行中指定静态库,使用一条命令就能够编译并链接程序 hello,命令如下:

```
kylin@localhost ~/sourcecode$ gcc hello.c libcompare.a -o hello↓
```

静态库的命名习惯是以 lib 开头,以后缀.a 结尾。所有系统静态库都使用这种命名规则,并且允许通过-l 选项(ell),在命令行中使用库名的缩写形式,命令如下:

```
kylin@localhost ~/sourcecode$ gcc hello.c -lcompare -o hello↓
```

使用-l 选项可以省略库名前面的 lib 和后面的.a,该命令和前面的命令唯一的区别在于期望 GCC 对静态库进行查找的位置不同:明确指出完全路径会使编译程序在指定路径中查找静态库。库名既可以是绝对路径,也可以是到当前目录的相对路径。-l 选项不能指明路径,但可以指示编译程序在系统静态库中进行查找。

任务 6 创建共享库

共享库也是目标文件的集合,但这些目标文件是由编译程序按照特殊的方式生成的。对象模块的每个地址(变量引用和函数调用)都是相对地址,不是绝对地址。因此在运行程序的时候,可以动态加载和执行共享模块。创建共享库最基本的一步是编译库中的对象模块。例如,将上面的两个源文件按照可重定位地址的方式编译成目标文件,命令如下:

```
kylin@localhost ~/sourcecode$ gcc -c -fpic max.c min.c↓
```

-c 选项明确指出编译程序要生成的.o 目标文件,而-fpic 选项使输出的目标文件按照可重定位地址的方式生成,缩写 pic 代表位置独立代码(Position Independent Code)。该命令执行后同样会得到两个目标文件 max.o 和 min.o。

使用目标文件构造共享库 libcompare.so,命令如下:

```
kylin@localhost ~/sourcecode$ gcc -shared max.o min.o -o libcompare.so↓
```

-o 选项指定输出文件的名称为 libcompare.so,而后缀.so 告诉 GCC 该目标文件是要链接共享库的。通常,链接程序要为主函数 main()定位,并将它作为程序的入口,但输出模块没有这样的入口,-shared 选项就是为了防止编译程序报告找不到程序入口的出错信息。编译程序将后缀为.c 的文件视为 C 语言源代码程序,并且知道如何将它编译成目标文件。因此,前面的两个命令可以合成一个命令,使用下面的命令可以将模块直接编译并保存为共享库:

```
kylin@localhost ~/sourcecode$ gcc -fpic -shared max.c min.c -o libcompare.so↓
```

现在共享库已经准备好了，可以使用了。在 hello.c 中调用该库中定义的函数：

```
//hello.c
#include <stdio.h>
int max(int a,int b);
int min(int a,int b);
int main()
{
    printf("%d\n",max(5,10));
    printf("%d\n",min(3,7));
    return 0;
}
```

可见，hello.c 中的内容与刚才相比没有变化，不同的是这次调用的函数是在共享库中的函数。使用下面的命令可以将该程序编译并链接共享库：

```
kylin@localhost ~/sourcecode$ gcc -L/root/sourcecode -lcompare hello.c -o hello↓
```

其中，-l 选项用来指定程序要链接的共享库，-l 选项紧接着就是库名。库名和真正的库文件名有什么关系呢？把库文件名开头的 lib 和结尾的.so 去掉就是库名了，在本例中，libcompare.so 库文件使用-l 选项写的时候就是-lcompare。而-L 选项指定该库文件所在的目录。程序 hello 已经编译并链接完成了，输入以下命令运行该程序：

```
kylin@localhost ~/sourcecode$ ./hello↓
./hello: error while loading shared libraries: compare.so: cannot open shared object file:
No such file or directory
```

此时会看到错误提示，这是因为运行程序必须能够定位共享库 libcompare.so，动态库中包含的目标文件只有在程序开始运行的时候才会载入内存并和链接程序。它有两个优点，一是可执行程序小了很多，二是多个程序可以共享同一个动态库载入的目标模块，这也是动态库被称为共享库的原因。

要使程序正确链接，链接程序必须能够定位共享库，该库用来解析外部的引用。对静态链接程序而言，所有目标文件集中在一起保存成一个独立的可执行文件，这个可执行文件完全可以移植到兼容的系统中并正确运行，甚至目标文件不存在也没有关系。保存在动态库中的目标文件和常规目标文件有细微的差别，常规目标文件都是用于静态库的，换句话说，在链接程序时共享库必须存在，而且每次运行程序时必须存在。

使用共享库链接的程序在运行时必须能够找到共享库的位置。因为程序通过名字定位共享库，而不是通过目录定位共享库，所以可以在链接程序的时候使用一个共享库，而在运行的时候使用另一个共享库。如果改变了共享库的版本，而没有改变程序的版本，就有可能出现问题，这就是为什么大多数的共享库会把版本号作为名字的一部分（如 libm.so.6 或 libutil-2.2.4.so）。无论何时载入程序并运行，共享库都应该位于以下 4 种情况中描述的位置之一。

1. LD_LIBRARY_PATH 环境变量列出的所有使用分号分隔的目录

设置 LD_LIBRARY_PATH 环境变量的命令如下：

```
kylin@localhost ~/sourcecode$ LD_LIBRARY_PATH=/root/sourcecode/:$LD_LIBRARY
_PATH↓     //将共享库所在目录设置到 LD_LIBRARY_PATH 中
kylin@localhost ~/sourcecode$ export LD_LIBRARY_PATH↓
kylin@localhost ~/sourcecode$ ./hello↓
```

2. 在文件/etc/ld.so.cache 中找到的库的列表

该文件由工具 ldconfig 维护，ldconfig 先读出文件/etc/ld.so.conf 中的内容，该文件是包含共享库的目录列表。然后使用这些目录名（还有目录/lib 和/usr/lib）来定位共享库，这些共享库用于链接，列在目录/etc/ld.so.cache 中。文件/etc/ld.so.conf 中的目录名可以由新的一行、分号、制表符或空格分隔。目录/etc/ld.so.cache 中的内容不是文本格式，也不能被编译。在 ld.so.conf 文件中添加库的路径的方法如下：

```
kylin@localhost ~/sourcecode$ vi /etc/ld.so.conf↓
include ld.so.conf.d/*.conf
/root/sourcecode      //在 ld.so.conf 文件最后添加库文件所在目录并保存退出
kylin@localhost ~/sourcecode$ ldconfig↓
kylin@localhost ~/sourcecode$ ./hello↓
```

3. /lib 目录

将该共享库文件复制到/lib 目录下，命令如下：

```
kylin@localhost ~/sourcecode$ cp libcompare.so /lib↓
kylin@localhost ~/sourcecode$ ./hello↓
```

4. /usr/lib 目录

将该共享库文件复制到/usr/lib 目录下，命令如下：

```
kylin@localhost ~/sourcecode$ cp libcompare.so /usr/lib↓
kylin@localhost ~/sourcecode$ ./hello↓
```

以上 4 种方法都可以正确运行 hello 程序。相反，我们也可以使用 ldd 命令查看一个可执行文件依赖的共享库。例如，查看 hello 程序依赖的共享库，命令如下：

```
kylin@localhost ~/sourcecode$ ldd hello↓
linux-gate.so.1 =>  (0x001b2000)
libcompare.so => /root/sourcecode/libcompare.so (0x009bd000)
libc.so.6 => /lib/libc.so.6 (0x00bd4000)
/lib/ld-linux.so.2 (0x00bb1000)
```

每行列出的第一个名字是共享库出现在函数内部的名字，第二个名字是磁盘上找到的实际运行共享库的路径。而共享库被载入内存的地址出现在行末。libc 库是 C 标准函数库；ld-linux.so.2 文件就是程序 ld.so，是共享库的帮助程序，会实际载入并执行共享库。使用 ldd 命令确定程序使用的共享库版本非常方便。

任务 7　使用 make 管理软件项目

可以想象，随着我们项目规模的扩大，项目会包含很多个源文件，源文件和源文件之间有着错综复杂的依赖关系，每一次编译都需要先将所有的文件编译一遍再进行链接，这是很麻烦的。这里，我们介绍另外一个工具来简化我们的操作流程，那就是 make。

make 是软件开发中应用非常广的工具。make 最本质的想法非常简单：检查源代码和目标文件，确定哪个源文件需要重新编译，以创建新的目标文件。make 会假设所有改动过的需要重新编译的源文件比已经存在的目标文件新，make 所做的每件事情都基于这个假设。目标文件和源文件的关系用于产生依赖关系（Dependency），与依赖关系相关的命令生成的目标文件被称为目标（Target）。为确定依赖关系，make 会读取定义依赖关系的脚本，脚本通常被称为makefile 或.Makefile，脚本中包括文件依赖关系和产生相关文件的命令，这些命令会将源文件编译成目标文件。

查看系统中是否安装了 make，命令如下：

```
kylin@localhost ~/sourcecode$ apt show make↓
Package: make
Version: 4.2.1-1.2
```

```
Priority: optional
Section: devel
Source: make-dfsg
Origin: Ubuntu
Maintainer: Manoj Srivastava <srivasta@debian.org>
Bugs: https://bugs.launchpad.net/ubuntu/+filebug
Installed-Size: 1,313 kB
Depends: libc6 (>= 2.27)
Suggests: make-doc
Conflicts: make-guile
Replaces: make-guile
Homepage: https://www.gnu.org/software/make/
X-Raw-MD5sum: b23c0002dbba07c18dcd6e331f18ecfd
cert_subject_cn: 麒麟软件有限公司
cert_subject_o: 麒麟软件有限公司
……
```

可见，当前系统中已安装了 make，如果系统中没有安装 make，读者可以自行安装。现在，我们尝试使用 make 来管理项目。例如，我们先创建一个新的源文件，名为 mytest.c，文件的内容如下：

```
#include <stdio.h>
int main()
{
    printf("This is made by make tool!\n");
    return 0;
}
```

再创建一个文件，名为 makefile，并在其中输入如下内容：

```
mytest:mytest.c
    gcc mytest.c -o mytest
```

makefile 文件的第一行内容指出，mytest 文件依赖于 mytest.c 源文件，言外之意，要想获得 mytest 文件，就必须准备好 mytest.c 源文件。如何获得 mytest 文件呢？命令写在第二行。这里需要注意的是，命令跟在依赖关系命令行之后，命令行必需使用制表符缩进。制表符在屏幕上和打印的时候不可见，但它是 makefile 文件语法的一部分。如果没有使用制表符，会收到"missing separator"的提示，即缺少制表符。所以，在第二行命令 gcc mytest.c -o mytest 之前，不要忘了输入一个制表符。

现在就可以生成可执行程序 mytest 了，命令如下：

```
kylin@localhost ~/sourcecode$ make↓
```

没错，只需要执行 make 命令，该命令会执行当前目录下 makefile 文件中定义的命令，生成 mytest 文件，这在管理包含多个源文件的项目时就会有非常明显的优势。在默认情况下，make 会先在当前目录查找 makefile 文件。如果没有找到 makefile 文件，就会查找 Makefile 文件。如果这两个文件都没有找到，就不会采取任何动作。我们可以选择在命令行中指定文件的名字，命令如下：

```
kylin@localhost ~/sourcecode$ make -f mymk↓
```

其中，mymk 就是包含脚本命令的文件。

经常会有某个文件依赖的文件是其他依赖关系产生的情况。例如，使用依赖关系编译程序mytest：

```
mytest:mytest.o
    gcc mytest.o -o mytest
```

```
mytest.o:mytest.c
     gcc -c mytest.c -o mytest.o
```

在本例中，可执行程序 mytest 依赖于 mytest.o，而后者按照定义依赖于 mytest.c。make 开始运行之后，会读出完整的 makefile 文件，并由依赖的关系链构造出内部树，文件的第一个依赖关系为树的根。在本例中，根是 mytest 依赖关系，而树中的 mytest.o 依赖关系在它的下面。一旦成功构造出内部树，程序就会从树的根开始降到最低的级别，倒着执行工作命令，直到到达树根，这时所有依赖关系都已满足。

同时依赖多个目标文件的情况也是常见的，例如在前面讲到的例子中，程序 hello 就同时依赖于 max.o、min.o 和 hello.o 文件，其 makefile 文件可以这样写：

```
hello:max.o min.o hello.o
     gcc max.o min.o hello.o -o hello
max.o:max.c
     gcc -c max.c -o max.o
min.o:min.c
     gcc -c min.c -o min.o
hello.o:hello.c
     gcc -c hello.c -o hello.o
```

可见，当依赖多个目标文件时，各个目标文件都要列出，并用空格间隔。

为了方便编写 makefile 文件，还可以在其中加入注释，make 程序会将 makefile 文件中每一行#后面的部分认为是注释。此外，还可以在 makefile 文件中定义一些变量，例如将 CC 定义为 gcc，makefile 文件的内容可以这样修改：

```
CC=gcc
hello:max.o min.o hello.o
     $(CC) max.o min.o hello.o -o hello
max.o:max.c
     $(CC) -c max.c -o max.o
min.o:min.c
     $(CC) -c min.c -o min.o
hello.o:hello.c
     $(CC) -c hello.c -o hello.o
```

可以看到，这里定义 CC 这个变量的值为 gcc，在后面引用该变量时前面加了一个"$"，并且把变量名 CC 用圆括号括起来，在运行时，$(CC)被解释成 gcc，当然这里还可以定义其他更有意义的变量。

另外，如果我们想删除编译过程中产生的一些中间文件，例如编译出来的目标文件（*.o），就可以在 makefile 文件中定义一个目标，如下面这样修改：

```
CC=gcc
hello:max.o min.o hello.o
     $(CC) max.o min.o hello.o -o hello
max.o:max.c
     $(CC) -c max.c -o max.o
min.o:min.c
     $(CC) -c min.c -o min.o
hello.o:hello.c
     $(CC) -c hello.c -o hello.o
clean:
     rm -f *.o
```

这时，我们输入 make 编译程序，如果想清除所有的目标文件，命令如下：

```
kylin@localhost ~/sourcecode$ make clean↓
```

make 工具的功能还有很多，读者可以查看帮助手册获得更多信息。

本章小结

本章介绍了在 Linux 操作系统中如何使用 GCC 进行 C 语言源代码的编译和生成可执行程序的基本流程，包括单个源文件的编译、多个源文件的编译、编译生成静态库和共享库的方法，以及使用 make 工具进行项目的管理。其实，Linux 操作系统中还可以使用许多开发工具，如 Eclipse、C++、Mono、Python、Perl、PHP 等，毫无疑问，Linux 是世界上最流行的开发平台，它包含了成千上万的免费开发软件，对软件开发者来说，在 Linux 操作系统上进行开发是一个很好的选择。

练习题

1. 假设有 C 语言程序 my.c，生成目标文件 my.o 的命令是什么？生成汇编语言文件 my.s 的命令是什么？生成可执行程序 myp 的命令是什么？

2. 假设有两个 C 语言程序模块 c1.c 和 c2.c（不含 main 函数），由 c1.c 和 c2.c 生成静态库 libmyar.a 的命令是什么？由 c1.c 和 c2.c 生成共享库 libmyar.so 的命令是什么？

3. 编写 C 语言源程序 hello.c，实现输出"helloworld !"的功能。使用 gcc 命令，直接生成可执行文件 hello1，执行 hello1，查看结果。使用 gcc 命令，先生成后缀为.o 的目标文件，再生成可执行文件 hello2，执行 hello2，查看结果。

4. 编写头文件 sum.h，声明一个函数 int sumInt(int a, int b)。编写源文件 sum.c，实现 sumInt 函数，求任意两个整数的和，并返回。编写源文件 main.c，调用 sumInt 函数，实现求和的功能。使用 gcc 命令编译以上各文件，生成可执行文件，执行可执行文件，查看结果。

shell 脚本编程

在之前的章节中，我们已经学习了一系列的命令行工具。虽然这些工具可以解决很多计算问题，但我们在使用它们时只能在命令行中手动输入命令。可以让 shell 完成更多工作吗？当然可以。我们可以编写 shell 脚本，将命令行组合成程序，通过这种方式，shell 就可以独立完成一系列复杂的任务。在 shell 会话调用环境期间，shell 会存储大量的信息，程序使用存储在环境中的数据来确定我们的配置。尽管大多数系统程序使用配置文件（Configuration File）来存储程序设置，但也有一些程序会查找环境中存储的变量来调整自己的行为。知道这一点之后，用户就可以使用环境来自定义 shell。

任务 1　编写并执行一个简单的 shell 脚本

首先，我们要了解什么是 shell 脚本。最简单的解释是，shell 脚本是一个包含一系列命令的文件。shell 读取这个文件，执行文件中的命令，就像将这些命令直接输入命令行中一样。shell 既是一个强大的命令行接口，也是一个脚本语言解释器。我们可以在文件中存放一系列的命令，这称为 shell 脚本或 shell 程序，将命令、变量和流程控制有机地结合起来将会得到一个功能强大的脚本。大多数能够在命令行中完成的工作都可以在脚本中完成，反之亦然。shell 脚本语言非常擅长处理文本类型的数据，因为 Linux 操作系统中的所有配置文件都是纯文本的，所以shell 脚本语言在管理 Linux 操作系统中发挥了巨大的作用。

为了成功创建和运行一个 shell 脚本，我们需要做三件事情。

1. 编写脚本

shell 脚本是普通的文本文件，所以我们需要使用一个文本编辑器来编辑它。文本编辑器要提供语法高亮功能，从而能够看到脚本元素彩色代码视图。语法高亮功能可以定位一些常见的错误。vim、gedit 和许多其他的文本编辑器都是编写 shell 脚本不错的选择。

2. 使脚本可执行

系统相当严格，它不会将任何老式的文本文件当成程序。所以我们需要将脚本文件的权限设置为允许执行。

3. 将脚本放置在 shell 能够发现的位置

当没有显式指定路径时，shell 会自动寻找环境变量 PATH 路径下的目录，来查找可执行文件。为了最大程度的方便，我们会将脚本放置在这些目录下。

下面，我们将创建一个"hello world"的程序，演示一个非常简单的脚本。shell 脚本是以行为单位的，在执行脚本的时候会一行一行地执行。脚本中的成分主要有注释、命令、shell 变量和结构控制语句。启动文本编辑器并输入以下内容：

```
#!/bin/bash
# This is our first script.
echo 'Hello World!'
```

这个脚本的最后一行看起来非常熟悉，仅仅是一个 echo 命令加上一个字符串参数。第二行也很熟悉，看起来很像在很多配置文件中用到的注释行。shell 脚本中的注释可以放置在一行的最后。在文本行中，#后面的所有内容会被忽略。脚本的第一行看起来有点奇怪，它以#开头，看起来像是注释，但是它还具有特殊意义。实际上，#!是一种特殊的结构，它告知操作系统，执行后面的脚本应该使用的解释器的名字。在这里指定使用/bin/bash 来执行该脚本，每个 shell 脚本都应该将其作为第一行。将该文件保存为 myscript.sh。

为了让脚本可执行，还需要使用 chmod 命令修改脚本文件的权限。对于脚本，有两种常见的权限设置。权限为 755 的脚本，每个用户都可以执行；权限为 700 的脚本，只有脚本所有者可以执行。注意，为了能够执行脚本，它必须是可读的。修改脚本权限的命令如下：

```
kylin@localhost ~$ chmod 755 myscript.sh↓
```

权限设置完成后，执行脚本，命令如下：

```
kylin@localhost ~$ ./myscript.sh↓
```

刚才已经讲过，为了使脚本运行，我们必须显式指定脚本文件的路径。如果不这样做，我们就得在 shell 的 PATH 环境变量中添加当前目录，否则就会得到"command not found"这样的提示。而我们知道，在主目录下有一个 bin 目录是已经添加到 PATH 环境变量中的，把我们的脚本放到该目录下是个不错的主意。如果你的主目录下没有 bin 目录，就创建一个，再把myscript.sh 文件移动到该目录下，命令如下：

```
kylin@localhost ~$ mkdir bin↓
kylin@localhost ~$ mv myscript.sh bin↓
kylin@localhost ~$ myscript.sh↓
Hello World!
```

~/bin 目录是一个存放个人使用脚本的理想位置。如果我们编写了一个所有用户都可以使用的脚本，则存放该脚本的传统位置是/usr/local/bin。系统管理员使用的脚本通常放在/usr/local/sbin 目录下。在大多数情况下，本地支持的软件，无论是脚本还是编译好的程序，都应该放在/usr/local 目录下，而不是/bin 或/usr/bin 目录下，这些目录都是由 Linux 文件系统层次结构标准指定的，只能包含由 Linux 发行商提供和维护的文件。

任务 2　使用变量和常量编写脚本程序

如何创建变量呢？这很简单，当 shell 遇到一个变量时，会自动创建这个变量。这点与大多数程序中使用一个变量时必须先声明或定义有所不同，在这方面，shell 非常宽松。其语法格式为 variable=value，其中，variable 是变量的名称，value 是变量的值。和大多数的编程语言不同，shell 并不关心赋给变量的值的类型，它会将其都当成字符串。在定义变量时，变量名不加"$"，而在引用变量时，变量名前要加"$"，例如下面的脚本：

```
#!/bin/bash
var="Hello World"
```

```
echo $var
echo $var1
```

我们先为变量 var 赋值 "Hello World"，再使用 echo 命令显示 var 的值，然后我们显示一个由拼写错误造成的变量 var1 的值，将脚本保存为 mytest 文件，并为其设置运行权限，运行该脚本会得到以下结果：

```
kylin@localhost ~/bin$ mytest↓
Hello World
```

可以看到，运行脚本正确显示了 var 的值，而显示 var1 的时候得到了一个空值。这是因为 shell 在遇到 var1 变量时，会创建这个变量，并且为这个变量赋一个默认的空值。从这点可以看出，我们必须对拼写有足够的关注。另外，我们需要注意，变量名和等号之间不能有空格，变量名的命名需要遵循如下规则：命名只能使用英文字母、数字和下画线；首个字符不能是数字；不能使用 bash 里的关键字。

在引用变量的时候，变量名外面的花括号是可选的，加花括号是为了帮助解释器识别变量的边界，比如下面这种情况：

```
#!/bin/bash
skill="shell"
echo "I am good at ${skill}Script"
```

如果不给 skill 变量加花括号，写成 echo "I am good at $skillScript"，解释器就会把 $skillScript 当成一个变量（其值为空），代码执行结果就不是我们期望的了。推荐给所有变量加上花括号，这是一个好的编程习惯。

已定义的变量可以被重新定义，例如：

```
#!/bin/bash
var="hello world"
echo $var
var="hello shell"
echo $var
```

这样写是合法的，变量被重新定义后会覆盖原有的值，但注意，第二次赋值的时候不能写 $var="hello shell"，使用变量的时候才加 "$"。执行该脚本，结果如下：

```
hello world
hello shell
```

将变量定义为只读变量可以使用 readonly 命令，只读变量的值不能被改变。例如，修改上面的脚本：

```
#!/bin/bash
var="hello world"
readonly var
echo $var
var="hello shell"
echo $var
```

执行该脚本，结果如下：

```
hello world
line 5: var: readonly variable
hello world
```

删除变量可以使用 unset 命令，例如：

```
#!/bin/bash
var="hello world"
echo $var
```

```
unset var
echo $var
```

执行该脚本，结果如下：

```
hello world
```

变量被删除以后，再次引用该变量没有任何输出。

任务 3 向脚本输入数据

shell 脚本也可以实现与用户的交互，如让用户输入一些数据。内置命令 read 的作用是读取一行标准输入。此命令可以用于读取键盘输入值或应用重定向读取文件中的一行。read 命令的语法结构为 read [-options] [variable...]。语法中的 options 为表 12-1 列出的一条或多条可用的选项，而 variable 则是一个到多个用于存放输入值的变量。如果没有提供任何此类变量，则由 shell 变量 REPLY 来存储数据行。

表 12-1 read 命令的选项

选 项	说 明
-a array	将输入值从索引为 0 的位置开始赋给 array
-n num	从输入中读取 num 个字符，而不是一整行
-r	原始模式，不能将反斜线字符翻译为转义码
-s	保密模式，不在屏幕显示输入的字符，此模式在输入密码和其他机密信息时很有用处
-t seconds	超时。在 seconds 秒后结束输入，若输入超时，read 命令将返回一个非 0 的退出状态
-p prompt	使用 prompt 字符串提示用户进行输入

例如，下面的脚本允许用户输入姓名，并将用户输入的姓名显示出来：

```
#!/bin/bash
echo "Please input your name:"
read var
echo "hello $var!"
```

在下面的脚本中，read 命令将输入值赋给多个变量：

```
#!/bin/bash
echo -n "Please input one or more values:"
read var1 var2 var3
echo "var1 = $var1"
echo "var2 = $var2"
echo "var3 = $var3"
```

此脚本可以将 3 个输入值分别赋给 3 个变量。需要注意，当输入少于或多于 3 个值的时候，read 的运作方式如下：

```
kylin@localhost ~/bin$ mytest
Please input one or more values: 1 2 3
var1=1
var2=2
var3=3
kylin@localhost ~/bin$ mytest
Please input one or more values:1 2 3 4
var1=1
var2=2
var3=3 4
kylin@localhost ~/bin$ mytest
Please input one or more values:1
```

```
var1=1
var2=
var3=
```

如果输入值的数目少于预期的数目，则多余的变量值为空。如果输入值的数目超出预期的数目，则最后一个变量包含了所有的多余值。

如果 read 命令之后没有变量，则会为所有的输入分配 shell 变量 REPLY，例如以下脚本：

```
#!/bin/bash
echo -n "Please input one or more values:"
read
echo "REPLY = $REPLY"
```

该脚本的执行结果如下：

```
kylin@localhost ~/bin$ mytest
Please input one or more values: 1 2 3
REPLY =1 2 3
```

shell 通常会间隔提供 read 命令的内容，这也就意味着，在输入行，一个或到多个空格将多个单词分隔成为分离的单项，read 命令将这些单项赋给不同的变量。此行为是由 shell 变量 IFS（Internal Field Separator）设定的。IFS 的默认值包含了空格、制表符和换行符，每一种都可以将字符分隔开。

我们可以通过改变 IFS 的值来控制 read 命令输入的间隔方式。例如，将冒号作为文件/etc/passwd 内容的间隔符。将 IFS 的值改为单个冒号即可使用 read 命令读取/etc/passwd 文件的内容并成功将各字段分隔为不同的变量。下面的脚本完成了此功能：

```
#!/bin/bash
FILE=/etc/passwd
read -p "Enter a username>" user_name
file_info=$(grep "^$user_name:" $FILE)
IFS=":" read user pw uid gid name home shell <<< "$file_info"
echo "user=$user"
echo "password=$pw"
echo "uid=$uid"
echo "gid=$gid"
echo "name=$name"
echo "home=$home"
echo "shell=$shell"
```

此脚本提示用户输入用户名，根据用户名找到/etc/passwd 文件中相应的用户记录，并输出此记录的各个字段。在第三行代码中，read 命令后使用了-p 选项，这让用户在输入数据之前会看到一行提示信息 "Enter a username>"。第四行代码将 grep 命令的结果赋给 file_info 变量。grep 命令使用的正则表达式保证用户名只会与/etc/passwd 文件中的一条记录相匹配。把这条命令放在 "$()" 中，会返回括号中命令的执行结果。第五行代码由三部分组成，即一条变量赋值语句，一条以变量名为参数的 read 命令和一个陌生的重定向运算符。

执行上面的脚本，并输入 root，会看到如下结果：

```
kylin@localhost ~/bin$ readpwd
Enter a username>root
user=root
password=x
uid=0
gid=0
name=root
home=/root
```

```
shell=/bin/bash
```

　　shell 允许在命令执行之前对一个或多个变量赋值，这些赋值操作会改变接下来执行命令的操作环境。但赋值的效果是暂时性的，只在命令执行周期内有效。在本例中，IFS 的值被修改为一个冒号。我们也可以通过以下方式达到此效果：

```
OLD_IFS="$IFS"
IFS=":"
read user pw uid gid name home shell <<< "$file_info"
IFS="$OLD_IFS"
```

　　首先，我们储存了 IFS 的旧值，并将新值赋给 IFS，然后执行 read 命令，最后将 IFS 恢复为原值。显然，将变量赋值语句置于执行命令前是更简洁的方法。

　　操作符 "<<<" 象征一条嵌入字符串。本例将/etc/passwd 文件中读取的数据输送给 read 命令。读者或许会疑惑为什么使用这么复杂的方法而不是如下方法：

```
echo "$file_info" | IFS=":" read user pw uid gid name home shell
```

　　这种方法看起来可行，实则不然。命令看似能够执行成功，但是变量总是空值。为什么会出现这样的现象？这是由于 shell 处理管道的方式。在 bash 中，管道会创造子 shell。子 shell 复制了 shell 及管道执行命令过程中用到的 shell 环境。前例中，read 命令就是在子 shell 中执行的。类 UNIX 系统的子 shell 会为执行进程复制需要的 shell 环境，进程结束后，复制的 shell 环境即被销毁，这意味着子 shell 永远不会改变父类进程的 shell 环境。read 命令给变量赋值，这些变量会成为 shell 环境的一部分。而在上例中，read 将变量的值赋给子 shell 环境中的变量，但是当命令退出时，子 shell 与其环境就会被销毁，read 命令也就丢失了赋值效果。

　　其实上面的例子，我们还忽略了一个问题，就是验证用户输入的 username 是不是一个真实存在于/etc/passwd 文件记录中的用户名。这就需要用到下面将要介绍的分支语句。

任务 4　使用分支语句

1．分支语句

　　在 shell 脚本中如何进行判断，例如，判断一个变量是不是等于 5，代码如下：

```
#!/bin/bash
x=5
if [ $x = 5 ]; then
echo "x equals 5"
else
    echo "x does not equal 5"
fi
```

　　运行该脚本，结果如下：

```
x equals 5
```

　　If 语句的语法格式如下：

```
If commands; then
commands
[ elif commands; then
commands…]
[else
commands]
fi
```

在这个语法格式中，commands 可以是一组命令。我们先了解一下 shell 是如何判断一个命令的成功与失败的。

命令（包括我们编写的脚本）在执行完毕后，会向操作系统发送一个值，称为退出状态。这个值是一个 0~255 的整数，用来指示命令执行成功还是失败。按照惯例，数值 0 表示执行成功，其他数值表示执行失败。if 语句真正做的事情是评估命令的成功或失败。当 if 后面的命令执行成功时，会执行 then 后面的命令；当 if 后面的命令执行失败时，不会执行 then 后面的命令。如果在 if 后面有一系列的命令，则根据最后一个命令的执行结果进行评估。

经常和 if 一起使用的命令是 test。test 命令会执行各种检查和比较。这个命令有两种等价的形式：

```
test expression
```

以及更流行的：

```
[ expression ]
```

在这里，expression 是一个表达式，其结果是 true 或 false。当这个表达式的结果为 true 时，test 命令返回一个 0；当表达式的结果为 false 时，test 命令返回一个 1。

这里需要注意的是，在 if 和 "[" 之间至少要有一个空格，在 "[" 和 expression 之间至少要有一个空格，同样，在 expression 和 "]" 之间也至少要有一个空格。

那么，在上面的例子中，我们如何判断用户输入的用户名是否真实存在呢？也就是需要判断 file_info=$(grep "^$user_name:" $FILE)命令执行之后，file_info 内容的长度是不是为 0，所以将原脚本内容修改如下：

```
#!/bin/bash
FILE=/etc/passwd
read -p "Enter a username>" user_name
file_info=$(grep "^$user_name:" $FILE)
if [ -n "$file_info" ]; then
IFS=":" read user pw uid gid name home shell <<< "$file_info"
echo "user=$user"
echo "password=$pw"
echo "uid=$uid"
echo "gid=$gid"
echo "name=$name"
echo "home=$home"
echo "shell=$shell"
else
echo "No such user $user_name."
exit 1
fi
```

前面介绍过，shell 中变量的值都是字符串，如果用户输入的用户名有误，grep 命令就会返回一个空值，此时，file_info 的值就是一个长度为 0 的字符串。

该脚本的执行结果如下：

```
Enter a username>abc
No such user: abc
```

测试字符串的表达式如表 12-2 所示。

表 12-2 测试字符串的表达式

表　达　式	成为 true 的条件
string	string 不为空
-n string	string 的长度大于 0
-z string	string 的长度等于 0
string1=string2 string1==string2	string1 和 string2 相等。单等号和双等号都可以使用，但是双等号使用得更多
string1!=string2	string1 和 string2 不相等
string1>string2	在排序时，string1 在 string2 之后
string1<string2	在排序时，string1 在 string2 之前

注意，在使用 test 命令时，"＞"和"＜"运算符必须使用引号引起来（或使用反斜杠进行转义）。如果不这样做，就会被 shell 解释为重定向操作符，从而产生潜在的破坏性结果。

可以看到，我们测试字符串是不是为空的办法：当测试字符串表达式为空时，使用 exit 命令向操作系统报告执行结果为 1，表示该脚本执行错误。如果不写 exit 命令，在默认情况下将返回 0。

除了可以测试字符串，test 命令还可以测试文件，测试文件的表达式如表 12-3 所示。

表 12-3 测试文件的表达式

表　达　式	成为 true 的条件
file1 -ef file2	file1 和 file2 拥有相同的信息节点编号（这两个文件通过硬链接指向同一个文件）
file1 -nt file2	file1 比 file2 新
file1 -ot file2	file1 比 file2 旧
-f file	file 存在且是一个普通文件
-d file	file 存在且是一个目录文件
-e file	file 存在
-s file	file 存在且其长度大于 0
-L file	file 存在且是一个符号链接
-b file	file 存在且是一个块设备文件
-c file	file 存在且是一个字符设备文件

例如，下面的脚本文件可以判断用户输入的文件的类型：

```bash
#!/bin/bash
read -p "Please input the file name:" filename
if [ -e "$filename" ]; then
        if [ -b "$filename" ]; then
                echo "$filename is a block device."
        elif [ -c "$filename" ]; then
                echo "$filename is a character device."
        elif [ -d "$filename" ]; then
                echo "$filename is a directory."
        elif [ -f "$filename" ]; then
                echo "$filename is a regular file."
        elif [ -L "$filename" ]; then
                echo "$filename is a link."
        else
                echo "$filename's type is unknown."
        fi
else
        echo "$filename does not exist."
```

```
      exit 1
fi
```

在该脚本中，我们使用了另外一种分支语句，那就是 elif，它的作用和 C 语言中的 else if 的作用是类似的，只不过这里要注意，elif 和 "[" 之间至少要有一个空格。

我们在前面介绍过，shell 中的变量都是字符串类型，这也就意味着我们不能像其他编程语言一样使用数学运算符去判断一个变量是否大于某个数值，比如我们在上面例子中判断某个变量的值是不是等于 5，如果现在我们想判断某个变量的值是不是大于 5，就需要对脚本进行一些修改，脚本代码如下：

```
#!/bin/bash
x=8
if [ $x -gt 5 ]; then
      echo "x great than 5"
else
      echo "x does not great than 5"
fi
```

在该脚本中，我们是如何判断变量 x 的值是不是大于 5 的？我们没有使用$x > 5 这种方式，因为 ">" 在 shell 中会被认为是输出重定向，而是使用-gt 来进行判断。shell 中关于整数判断的操作如表 12-4 所示。

表 12-4   shell 中关于整数判断的操作

表 达 式	成为 true 的条件
integer1 -eq integer2	integer1 和 integer2 相等
integer1 -ne integer2	integer1 和 integer2 不相等
integer1 -le integer2	integer1 小于或等于 integer2
integer1 -lt integer2	integer1 小于 integer2
integer1 -ge integer2	integer1 大于或等于 integer2
integer1 -gt integer2	integer1 大于 integer2

bash 最近的版本包括了一个复合命令，它相当于增强的 test 命令。这个命令的语法格式如下：

```
[[ expression ]]
```

expression 是一个表达式，其结果为 true 或 false。[[]]命令和 test 命令类似（支持所有的表达式），不过增加了一个很重要的新字符串表达式：

```
string1=~regex
```

如果 string1 与扩展的正则表达式 regex 匹配，则返回 true。这就为执行数据验证这样的任务提供了许多可能性。例如，验证用户输入的数据是不是整数，代码如下：

```
#!/bin/bash
read x
if [[ $x = ~ ^-?[0-9]+$ ]]; then
      echo "x is a integer."
else
      echo "x is not a integer."
fi
```

通过应用正则表达式，我们可以限制用户输入的值只能是字符串，而且字符串必须以减号（可选）开头，后面跟着一个或多个数字。这个表达式同样排除了输入为空的情况。

[[ ]]命令增加的另外一个特性是 "==" 操作符支持模式匹配，例如：

```
kylin@localhost ~/桌面$ FILE=test.txt
kylin@localhost ~/桌面$ if [[ $FILE == *.txt ]];then
```

```
> echo "$FILE is a text file"
> fi
test.txt is a text file
```

这在使用[[ ]]命令评估文件和路径名的时候非常有用。

2．为整数设计的(())

在上面的分支语句中，对数值的操作比较麻烦。因此，在 bash 中提供了(())复合命令，它可以用于操作整数。该命令支持一套完整的算术计算，用于算术真值测试。如果算术计算的结果是非零值，则算术真值测试为 true。使用(())复合命令，我们可以简化上面的脚本：

```
#!/bin/bash
x=8
if $(( x > 5 )); then
      echo "x great than 5"
else
      echo "x does not great than 5"
fi
```

由于(())复合命令只是 shell 语法的一部分，而非普通的命令，并且只能处理整数，所以它能够通过名字来识别变量，而且不需要执行扩展操作，这一点在初学时很容易被忽视。在(())复合命令中，我们可以进行算术运算，算术操作符如表 12-5 所示。

表 12-5　算术操作符

操　作　符	描　　述
+	加法
-	减法
*	乘法
/	整除
**	求幂
%	取余
++	自增 1
--	自减 1

例如，判断一个变量的奇偶性，脚本如下：

```
#!/bin/bash
x=8
if $(( x % 2 )); then
      echo "x is an odd number."
else
      echo "x is an even number."
fi
```

此外，(())复合命令还支持赋值运算，赋值操作符如表 12-6 所示。

表 12-6　赋值操作符

操　作　符	描　　述
Parameter = value	简单赋值运算。赋给 parameter 的值为 value
Parameter += value	加法运算。等价于 parameter= parameter + value
Parameter -= value	减法运算。等价于 parameter= parameter - value
Parameter *= value	乘法运算。等价于 parameter= parameter * value
Parameter /= value	整除运算。等价于 parameter= parameter / value
Parameter %= value	取模运算。等价于 parameter= parameter % value

例如，将变量的值运算后赋给另一个变量，脚本如下：

```
#!/bin/bash
x=8
y=$(( x *= 2 ))
echo $y
```

(())复合命令也支持位操作符，如表 12-7 所示。

表 12-7　位操作符

操　作　符	描　　述
~	按位取反
<<	按位左移
>>	按位右移
&	按位与
|	按位或
^	按位异或

例如，将变量按位左移，脚本如下：

```
#!/bin/bash
x=8
y=$(( x << 1 ))
echo $y
```

在上一小节中，我们判断变量 x 的值是不是大于 5，也就是说(())复合命令是支持多种比较操作的，这常用于逻辑判断中，比较操作符如表 12-8 所示。

表 12-8　比较操作符

操　作　符	描　　述
<=	小于或等于
>=	大于或等于
<	小于
>	大于
==	等于
!=	不等于
&&	逻辑与
||	逻辑或
exp1?exp2:exp3	如果 exp1 为 true，则执行 exp2，否则执行 exp3

3．组合表达式

在进行条件判断时，判断条件往往不止一个，我们可以将表达式组合起来，完成更复杂的条件判断。多个表达式之间是使用逻辑操作符组合起来的。与 test 命令和[[ ]]命令配套的逻辑操作符有 3 个，它们是 AND、OR 和 NOT。test 命令和[[]]命令使用不同的操作符来表示这 3 种逻辑操作，如表 12-9 所示。

表 12-9　逻辑操作符

操　作　符	test	[[]]
AND	-a	&&
OR	-o	||
NOT	!	!

例如，判断用户输入的年龄数据是否在某一个合理的区间内，脚本如下：

```
#!/bin/bash
read age
if [[ $age =~ ^-?[0-9]+$ ]]; then
        if [[ $(( age > 0 )) && $(( age < 100 )) ]]; then
                echo "your age is $age."
        else
                echo "your age is out of range."
        fi
else
        echo "Please input an integer."
fi
```

在这个脚本中，检测整数 age 的值是否在 0 和 100 之间，是通过一个[[]]命令内嵌(())命令来执行的，该命令中使用 "&&" 操作符连接这两个算术表达式。当然我们也可以使用 test 命令实现该功能，test 命令更传统，是 POSIX 的一部分，而[[]]命令是 bash 特有的。

bash 还提供了两种可以执行分支的控制操作符。"&&"（AND）和 "||"（OR）运算符与[[]]复合命令中的逻辑操作符类似。语法如下：

```
command1 && command2
command1 || command2
```

理解这两个操作符是非常重要的。对 "&&" 操作符来说，先执行 command1，只有在 command1 执行成功时，才执行 command2。对 "||" 操作符来说，先执行 command1，只有在 command1 执行失败时，才执行 command2。这在实际使用的过程中可以简化一些操作，例如：

```
kylin@localhost ~/桌面$ mkdir temp && cd temp
kylin@localhost ~/桌面$ [ -d temp ] || mkdir temp
```

对于第一个命令，只有在成功创建 temp 目录的前提下，才会执行后面的 cd temp 命令。对于第二个命令，只有在测试 temp 不是一个目录时，才会执行后面的 mkdir temp 命令。

任务 5　使用循环语句

1．while 循环

循环在任何一种程序的设计过程中都有重要的作用，bash 也可以表达出类似的过程。如果需要按顺序显示 1～5 这 5 个数字，就可以构建这样的 bash 脚本：

```
#!/bin/bash
count=1
while [ $count -le 5 ]; do
        echo $count
        count=$(( count + 1 ))
done
echo "finished"
```

运行该脚本，可以看到如下结果：

```
kylin@localhost ~/桌面$ ./shwhile.sh
1
2
3
4
5
finished
```

while 命令的语法结构如下：

```
while commands; do commands; done
```

和 if 命令一样，while 命令会判断一系列命令的退出状态，只要退出状态为 0，它就执行循环内的命令，退出状态为 0 表示执行成功。在上述脚本中，我们创建了 count 变量并赋予 count 变量的初始值 1。while 命令会判断 test 命令的退出状态。只要 test 命令返回的退出状态为 0，循环内的命令就继续执行。在每个循环周期的末尾，重复执行 test 命令。在经过 5 次循环后，count 变量的值增加至 6，此时 test 命令返回的退出状态不再是 0，循环终止，接下来程序会执行循环后面的语句。

下面我们编写一个脚本来显示系统信息，用户可以根据菜单项选择要显示的内容，加入循环结构后，程序就能一遍一遍地等待用户输入并做出响应，直到用户选择退出程序：

```bash
#!/bin/bash
clear
while [[ $REPLY != 0 ]]; do
echo "
-------------------------------------------------------
Please Select:

1.Display Hostname
2.Display Disk Space
3.Display Memory Infomation
0.Quit
"
read -p "Enter selection [0-3]>"
echo ""
if [[ $REPLY =~ ^[0-3]$ ]]; then
        if [[ $REPLY == 0 ]]; then
                echo "Bye!"
        elif [[ $REPLY == 1 ]]; then
                echo "Hostname: $HOSTNAME"
        elif [[ $REPLY == 2 ]]; then
                echo "Disk Space:"
                df
        else
                echo "Memory Info:"
                free
        fi
else
        echo "Invalid Selection."
fi
done
```

将菜单封装到 while 循环内，程序就可以在用户每次选择后重复展示菜单项。只要 REPLY 的值不为 0，就重复循环，展示菜单项，给用户又一次选择的机会。一旦 REPLY 的值为 0，也就意味着用户选择了退出项，循环终止。

2. 跳出循环

bash 提供了两种用于控制循环内部程序流的内建命令。其中，break 命令立即终止循环，程序从循环后的语句恢复执行。continue 命令则会使程序跳过循环剩余的部分，直接开始下一次循环。下面修改程序，使用 break 命令和 continue 命令控制循环结构，代码如下：

```bash
#!/bin/bash
clear
```

```
while [[ true ]]; do
echo "
------------------------------------------------------
Please Select:

1.Display Hostname
2.Display Disk Space
3.Display Memory Infomation
0.Quit
"
read -p "Enter selection [0-3]>"
echo ""
if [[ $REPLY =~ ^[0-3]$ ]]; then
        if [[ $REPLY == 0 ]]; then
                echo "Bye!"
                break
        fi
        if [[ $REPLY == 1 ]]; then
                echo "Hostname: $HOSTNAME"
                continue
        fi
        if [[ $REPLY == 2 ]]; then
                echo "Disk Space:"
                df
                continue
        fi
        if [[ $REPLY == 3 ]];then
                echo "Memory Info:"
                free
                continue
        fi
else
        echo "Invalid Selection."
fi
done
```

这个版本的程序脚本构建了一个无限循环（无限循环永远不会自动停止），利用 true 命令向 while 命令提供退出状态。因为 true 命令退出时的状态总为 0，所以循环永远不会停止。这是一个很常见的脚本技术。因为循环永远不会自动停止，所以程序员需要在适当的时刻提供跳出循环的方式。当用户选择为 0 时，脚本使用 break 命令停止循环。为了使脚本执行更加高效，可以在其他脚本选项的末端使用 continue。在用户做出选择后，continue 让脚本跳过了不需要执行的代码。

3. until 循环

while 命令在退出状态不为 0 时终止循环，而 until 命令刚好相反，在退出状态为 0 时终止循环。除此之外，until 命令与 while 命令很相似。在循环输出 1～5 的脚本中，循环会一直重复到 count 变量的值大于 5。使用 until 命令改写脚本也可以达到相同的效果，代码如下：

```
#!/bin/bash
count=1
until [ $count -gt 5 ]; do
      echo $count
      count=$(( count + 1 ))
done
echo "finished"
```

将测试表达式改写为$count -gt 5，until 命令就可以在合适的时刻停止循环。使用 while 命令还是 until 命令，通常取决于使用哪种循环能够写出最明了的测试表达式。

4．for 循环

for 循环采用在循环期间进行序列处理的机制，所以它不同于 while 循环和 until 循环。事实证明，这在编程时是非常有用的。因此，for 循环在 bash 脚本编程中是一种十分流行的结构。

依然是输出 1～5 的脚本，使用 for 循环的代码如下：

```
#!/bin/bash
for i in 1 2 3 4 5; do
    echo $i
done
```

其中，i 是循环执行时会增值的变量名，in 后面的部分是按顺序赋给变量 i 的值。for 循环真正强大的功能在于创建字符列表的方式有多种。例如，使用花括号扩展方式，代码如下：

```
#!/bin/bash
for i in {1..5}; do
      echo $i
done
```

使用路径名扩展方式，代码如下：

```
kylin@localhost ~/桌面$ For i in *.sh; do echo $i; done
```

最近的 bash 版本已经加入了第二种 for 命令语法，它类似于 C 语言形式：

```
for(( expression1; expression2; expression3 )); do
commands
done
```

其中 expression1、expression 2 和 expression3 为算术表达式，commands 是每次循环都要执行的命令，所以还可以这样输出 1～5 的值，代码如下：

```
for(( i=1; i<=5; i+=1)); do
echo $i
done
```

任务 6　使用数组

数组是可以一次存放多个值的变量，数组的组织形式和表格一样。bash 中的数组是一维的，可以将它想象成只有一列的电子表格。尽管有这个限制，但它还是有很多的应用。

命名数组变量和命名其他 bash 变量一样，在访问数组变量时可以自动创建它们。语法如下：

```
Name[subscript]=value
```

这里的 Name 是数组名，subscript 是大于或等于 0 的整数（或算术表达式），value 是赋给数组元素的字符串或整数，如下所示：

```
kylin@localhost ~/桌面$ a[0]=A
kylin@localhost ~/桌面$ a[1]=B
kylin@localhost ~/桌面$ a[2]=C
kylin@localhost ~/桌面$ a[3]=D
kylin@localhost ~/桌面$ for (( i=0;i<4;i+=1 )); do echo ${a[i]}; done
A
B
C
D
```

使用下面的语法可以赋多个值：

```
kylin@localhost ~/桌面$ days=(Mon Tue Wed Thu Fri Sat Sun)
kylin@localhost ~/桌面$ for (( i=0;i<7;i+=1 )); do echo ${days[i]}; done
Mon
Tue
Wed
Thu
Fri
Sat
Sun
```

我们可以使用下标"*"和"@"来访问数组中的每个元素，如下所示：

```
kylin@localhost ~/桌面$ names=("zhang san" "li si" "wang wu" "zhao liu")
kylin@localhost ~/桌面$ for i in ${names[*]}; do echo $i; done
zhang
san
li
si
wang
wu
zhao
liu
kylin@localhost ~/桌面$ for i in ${names[@]}; do echo $i; done
zhang
san
li
si
wang
wu
zhao
liu
kylin@localhost ~$ for i in "${names[*]}"; do echo $i; done
zhang san li si wang wu zhao liu
kylin@localhost ~$ for i in "${names[@]}"; do echo $i; done
zhang san
li si
wang wu
zhao liu
```

我们创建了数组 names，并使用 4 个双单词字符串为其赋值，然后执行 4 个循环以便观察单词拆分对数组内容的影响。如果对$(names[*]}和${names[@]}加以引用，就会得到不同的结果。"*"将数组所有的内容放在一行显示，而"@"使用 4 行显示数组的内容。

如果在数组的结尾需要添加元素，可以通过使用"+="赋值运算符实现，该运算符可以在数组的尾部自动添加元素。这里，我们先将 3 个值赋给数组 a，然后添加 3 个元素：

```
kylin@localhost ~/桌面$ a=(a b c)
kylin@localhost ~$ echo ${a[@]}
a b c
kylin@localhost ~/桌面$ a+=(d e f)
kylin@localhost ~$ echo ${a[@]}
a b c d e f
```

如果想要得到数组中元素的排序输出结果，可以通过管道和 sort 命令的方式实现，如下所示：

```
kylin@localhost ~/桌面$ a=(1 4 2 5 7 6 3)
kylin@localhost ~$ for i in ${a[@]}; do echo $i; done | sort
1
```

```
2
3
4
5
6
7
```

但是要注意，这里通过管道对输出到屏幕上的结果进行了排序，但没有改变数组 a 的内容，也就是说，数组 a 中元素的顺序是不变的，再次输出数组 a 的内容，结果如下：

```
kylin@localhost ~$ for i in ${a[@]}; do echo $i; done
1
4
2
5
7
6
3
```

如果想要保存排序后的结果，可以将排序后的结果生成另外一个数组 b，方法如下：

```
kylin@localhost ~$ b=($(for i in ${a[@]}; do echo $i; done | sort))
kylin@localhost ~$ for i in ${b[@]}; do echo $i; done
1
2
3
4
5
6
7
```

我们可以使用 unset 命令删除数组：

```
kylin@localhost ~$ unset a
kylin@localhost ~$ for i in ${a[@]}; do echo $i; done
kylin@localhost ~$
```

我们也可以使用 unset 命令删除单个数组元素：

```
kylin@localhost ~$ unset 'b[2]'
kylin@localhost ~$ for i in ${b[@]}; do echo $i; done
1
2
4
5
6
7
```

在这个例子里，我们删除了数组的第 3 个元素（下标为 2）。记住，数组的下标是从 0 开始的，而不是从 1 开始的。同时需要注意的是，我们必须使用引号将数组元素引起来，以阻止 shell 执行路径名扩展。

注意，为数组元素赋一个空值并不意味着清空它的内容，如下所示：

```
kylin@localhost ~$ c=(1 2 3)
kylin@localhost ~$ c=
kylin@localhost ~$ for i in ${c[@]}; do echo $i; done
2
3
```

任何涉及不含下标的数组变量的引用指的是数组中的元素 0。

任务 7 使用函数

在 shell 中也可以先定义用户函数，然后在 shell 脚本中调用该函数，以实现功能的复用。
定义函数的格式如下：

```
[ function ] funname [()]
{
    action;
    [return int;]
}
```

其中，[]内的内容是可选的。如果需要返回参数，可以使用[return int;]命令返回相应的值；
如果不写，会将最后一条命令的运行结果作为返回值。return 后跟数值 n（0~255）。

下面的例子定义了一个函数并调用该函数：

```
#!/bin/bash
MyFun(){
    echo "this is the first shell function!"
}

MyFun
```

运行该脚本，将得到以下结果：

```
kylin@localhost ~/桌面$ ./myfun.sh
this is the first function!
```

在 shell 中，调用函数时可以向其传递参数。在函数体内部，通过 "$n" 的形式来获取参数
的值，例如，"$1" 表示第一个参数，"$2" 表示第二个参数，以此类推。注意，"$10" 不能获
取第十个参数，获取第十个参数需要使用 "${10}"。当 n≥10 时，需要使用 "${n}" 来获取参
数值。函数返回值在调用该函数后通过 "$?" 来获得。下面定义一个带有参数和 return 语句的
函数：

```
#!/bin/bash
echo "Please input the first number:"
read firstnum
echo "Please input the second number:"
read secondnum
Add(){
    return $(($1+$2))
}
Add firstnum secondnum
echo "The sum of the two numbers: $?"
```

在本例中，先让用户输入两个整数，然后定义函数 Add 用来计算两个整数之和，之后调用
该函数来计算用户输入的两个整数的和，最后通过 "$?" 获取结果。

本章小结

至此，我们完成了关于 shell 脚本的学习。通过对本章的学习，大家了解了 shell 脚本，学
会了通过 shell 脚本解决问题，如在脚本中使用变量、数据的输入/输出，以及通过分支语句和
循环语句构建功能复杂的 shell 脚本。

练习题

1. shell 脚本的成分有哪些？通常在什么情况下使用函数？
2. 试比较[...]、[[...]]、((...))各种括号在条件测试中的异同。
3. 试比较${...}、$(...)、$[...]、$((...))各种括号的作用。
4. 什么是位置参数？shift 命令的功能是什么？
5. 循环控制语句 break 和 continue 的功能是什么？